全国高等院校艺术设计规划教材

U0303186

产品模型设计与制作

任文营　刘志友　汤园园　编著

清华大学出版社
北　京

内 容 简 介

本书通过精美的插图、浅显易懂的语言，系统地介绍了产品模型设计的基础知识。本书作为产品设计专业的核心课程，在方法和表现形式上与其他教材相比，都存在一定的差异。对产品设计基本原理及相关知识进行了解和学习，对培养学生的创造性思维、强调主观创造性、体现其专业性和功能性方面，有非常重要的作用。

本书可作为高等院校的艺术设计相关专业的教材，同时也可作为从事产品模型设计人员的参考用书。

图书在版编目(CIP)数据

产品模型设计与制作/任文莒，刘志友，汤园园编著. —北京：清华大学出版社，2017（2023.9重印）
(全国高等院校艺术设计规划教材)
ISBN 978-7-302-44253-0

Ⅰ. ①产… Ⅱ. ①任…②刘…③汤… Ⅲ. ①产品模型—设计—高等学校—教材②产品模型—制作—高等学校—教材 Ⅳ. ①TB476

中国版本图书馆CIP数据核字(2016)第152884号

责任编辑：陈冬梅 孟 攀
封面设计：刘孝琼
责任校对：周剑云
责任印制：宋 林

出版发行：清华大学出版社
　　　　网　　　址：http://www.tup.com.cn, http://www.wqbook.com
　　　　地　　　址：北京清华大学学研大厦A座　　　邮　　编：100084
　　　　社 总 机：010-83470000　　　　邮　　购：010-62786544
　　　　投稿与读者服务：010-62776969, c-service@tup.tsinghua.edu.cn
　　　　质量反馈：010-62772015, zhiliang@tup.tsinghua.edu.cn
　　　　课件下载：http://www.tup.com.cn, 010-62791865
印 装 者：涿州汇美亿浓印刷有限公司
经　　销：全国新华书店
开　　本：190mm×260mm　　印　　张：10　　字　　数：237千字
版　　次：2017年6月第1版　　印　　次：2023年9月第7次印刷
定　　价：49.00元

产品编号：065153-02

前 言

艺术设计既是个艺术活，也是个技术活。尤其是技术操作已经成为这个行业的首位技能，没有操作能力，学生将无法在行业中安身立命。但是，如果没有良好的艺术修养，从业者将难以在工作中有所创新。良好的艺术感，是使"技"跃升为"艺"的重要基石。在科技高度发展的新经济时代，我国的艺术设计教育应该强调和适应时代的需要，因材施教。

本书共分7章：第1章为产品表现与模型设计概述，主要介绍产品模型的概念、核心价值及模型制作的基本原则等相关知识；第2章为产品模型的类型，主要讲授模型分类的不同方法及各自特性；第3章为产品模型制作的前期准备，主要讲授产品模型制作的材料、制作工具的应用等；第4章为产品模型的制作方法；第5章为手绘产品模型设计；第6章为产品模型的计算机辅助软件设计；第7章为产品模型的作用。

本书的编写注重在讲授理论知识的基础上重点培养学生的实际操作能力，通过一系列经典案例分析、综合实例实践等环节的训练，提高学生的实际应用能力。

本书主要由华北理工大学的任文营、刘志友、汤园园编写，参与本书编写的还有张宝银、张冠英、袁伟、刘宝成、张勇毅、郑尹、王卫军、张静等。本书图片分别来源于：百度图片网、中国设计手绘技能网、顶尖设计网、火星网、站酷网等网站，在此表示真挚的感谢。由于作者水平有限，书中难免有疏漏和不妥之处，敬请业内专家、同行以及广大读者批评指正，以便今后不断改进。

编 者

目 录

目 录

第 1 章

产品表现与模型设计概述

学习目标

● 掌握产品设计表现与产品设计之间密不可分的关系。
● 掌握产品设计表现的目的与要求。
● 总结产品设计表现的特点及种类。
● 学习产品模型的概念。

技能要点

产品设计　　设计表现　　产品设计表现　　产品模型

案例导入

钟表设计

工业化批量生产的工业产品涵盖了生活的方方面面，如日用产品、家用产品、生产工具、交通工具等。其中，工业设计的核心是产品设计。

人类区别于动物的本质就是人类会利用自己的思维对生活进行再创造。从对大自然中器物的使用和改造到人类发明创造工具，设计成为提升人与自然和谐相处的法宝之一。当人类进入工业时代，工业设计作为一门新的学科，开始逐渐使人们的生活方式发生改变，成为人类设计行为的继承和发展。这门学科结束了手工业时期手工艺的生产方式，成为现代科学技术与艺术相结合的产物。

分析：

在工业设计领域，任何一个新产品的产生与完成都是一个从初级到高级的过程，是现代科学技术和人类文化艺术发展的产物，是一个从无到有，从想象到现实的过程。

图1-1所示是一幅钟表设计表现，设计师通过手绘的形式表现钟表的形态。钟表表格托盘采用了半矩形样式，增强了物体的稳定感。托盘拐角采用的圆弧设计，体现出了物体设计的灵巧性。

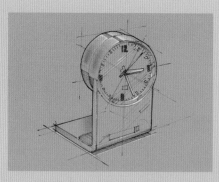

图1-1　钟表设计表现

（资料来源：火星．http://design.yuanlin.com）

1.1　产品设计表现的概念

　　人类区别于动物的本质在于有认识世界和改造世界的能力，并且在这个过程中进行思维活动，通过不断地适应生存环境来推动人类的发展。

　　思想的表现需要通过不同的方式来呈现，然而所有的呈现都是通过从认知到概括或者从创造到产生的方式存在。从设计的角度看，设计表现属于后者，是通过语言、侧面、手法、形式去描绘一个全新的物体。图1-2所示是一组微波炉的手绘作品，通过手绘图对全新的产品进行呈现。图1-3所示是电熨斗的设计表现，通过辅助性文字对电熨斗的设计特点进行描绘。

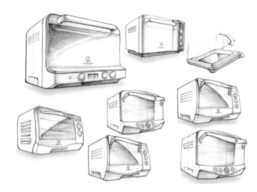

图1-2　微波炉手绘表现

（图片摘自：顶尖设计网．http://www.bobd.cn）

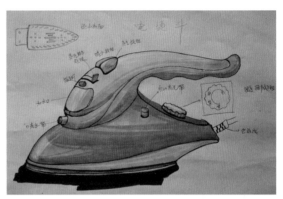

图1-3　电熨斗的设计表现

（图片摘自：顶尖设计网．http://www.bobd.cn）

　　产品设计表现是将抽象的概念转化成具象的可视化物体的过程，是从模糊到清晰的演变过程。在这个过程中，设计师会按照自己的想法，将产品的特点运用有效的手段进行表现，这就是我们常说的产品设计表现。图1-4～图1-6所示是工业设计师赵家朋的产品设计手绘表现图，他将彩铅作为手绘表现的工具，笔法流畅且清晰，让人能够在短时间内领会他的表达意图。

图1-4　汽车手绘设计表现

（图片摘自：顶尖设计网．http://www.bobd.cn）

图1-5　工业产品手绘设计表现 1

（图片摘自：顶尖设计网．http://www.bobd.cn）

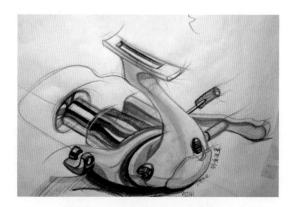

图1-6　工业产品手绘设计表现 2

（图片摘自：顶尖设计网．http:// www.bobd.cn）

01

　　产品设计表现既可能是概念草图（图 1-7 所示为咖啡电脑桌的不同角度草图），也可能是初始形态的草模，也有可能是材料的搭配。这些形态是在正式的产品面世之前的初级形态，虽然它们形式不同，但设计的目标及概念的定位是明确的。设计师在进行概念的创作过程中是有的放矢的，而不是无目的地进行偶然的创造。产品设计表现的过程其实是思路和思维的丰富过程，这个过程可以不断启发设计师的思维，让思维变得清晰，从而更接近理想中的形态。如图 1-8 所示的设计，通过不同角度的设计表现及文字说明使设计师更加清楚自己所要表现的产品的创意。

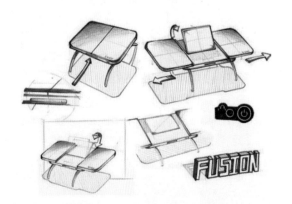

图1-7　咖啡电脑桌设计草图

（图片摘自：中国模具研究中心网．
　http:// www.idlc.cn）

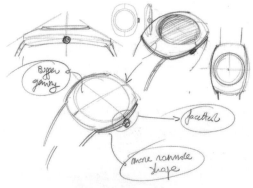

图1-8　惠普产品设计草图

（图片摘自：百度图片网．
　http://image.baidu.com）

　　产品设计表现是工业设计的造型语言，是设计师传递想法和创意的必备技能，是产品设计过程中的重要一环。为了满足消费者的需要和符合生产加工技术条件，产品设计表现具有重要的意义。

【案例1】

手机设计表现

产品设计表现是科学与艺术的结合，是形象思维与逻辑思维的完美结合，通过形象的方式进行表达并借助某些媒介表现出来。不仅要求设计师对设计学及美学有所了解，还应对产品的特征及使用模式进行了解。该案例呈现了苹果手机的设计表现，从设计表现的精致可以想象出，设计师对设计学、人体工程学以及电子工程学的深入了解。

图1-9 iPhone5手机的创意表现1

分析：

图1-9、图1-10所示是设计师通过电脑绘图工具绘制的iPhone5手机设计效果图，分别从不同角度为观者呈现了该款手机的外形特征，形象逼真。这种表现手法不仅可以准确展示手机的外观效果，而且还能吸引观者的眼球，使他们产生购买欲。

图1-10 iPhone5手机的创意表现2

(资料来源：顶尖设计网．http://www.bobd.cn)

产品设计表现的二维和三维技法，通常以绘画训练为基础，但与纯绘画不同，产品设计表现的技法是在设计思维和方法的指导下，把能满足产品功能需要的产品设计进行构想，通过视觉化的表达手段表现出来。图1-11所示是产品设计表现的一种形式——手绘表现，通过彩色铅笔进行绘制，因着重描写产品的外形和特征，能够清楚地看到与传统纯绘画的不同。因此，产品设计表现的技法所使用的专业化语言与纯绘画、雕塑或者其他表现形式不同。

01

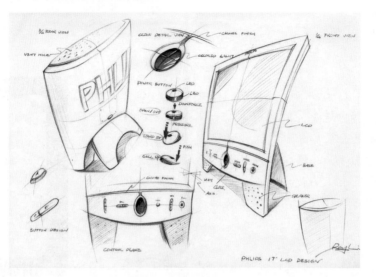

图1-11 产品设计手绘

（图片摘自：顶尖设计网．http://www.bobd.cn）

1.2 产品设计表现的目的、特点

1.2.1 产品设计表现的目的

产品设计的种类随着社会的跨越式发展以及生活方式的多样化愈加多样化，因此，产品设计的创意表现形式也有了多样化的面貌。设计师如何表达自己的创意，让设计被使用者所理解和接受就成了产品设计表现的目的之一。图1-12所示是手表的设计图，图1-13所示是一款麦克风的设计图，两张图都能有效地传递出设计者的思想及产品的特征。

图1-12 手表手绘效果

（图片摘自：顶尖设计网．http://www.bobd.cn）

图1-13 麦克风手绘效果

（图片摘自：百度图片网．
http://image.baidu.com）

工业设计师在对现有产品进行改进或开发新产品的过程中，都要经历提出问题、分析问题、解决问题这一过程。在这一过程中，需要设计师不断地对不同的设计方案进行修改及市场调查等前期准备可以为后面的设计工作进行有效的评估，并且有助于运用多种熟练的表现技法准确地表现产品设计。

【案例2】

播放器设计表现

能使工业流水线的工作人员了解设计的意图、能使受众很好地了解产品是产品设计表现的目的。这要求工业设计师都应该具备对现有的现象和想象中的形象进行表现的能力，熟练的表现技法是最基本的设计技能。刘传凯是著名的工业产品设计师，从他的设计草图中可以清晰地看出他的设计意图和风格。

分析：

作为国内知名的工业产品设计师，刘传凯能通过产品设计表现的特有语言将想法和思路传递给观者，如图1-14、图1-15所示。下面这组作品都流畅地表现了两款播放器的特征，并且还表现了产品的细节。设计师还为手绘产品添加了色彩，突出了电子产品的立体感及时尚感，为播放器注入了新的活力与动感，也使其符合时代潮流。

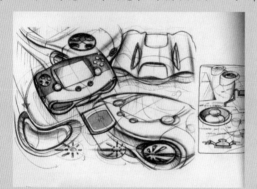

图1-14 播放器手绘设计表现1

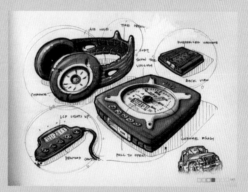

图1-15 播放器手绘设计表现2

（资料来源：顶尖设计网．http://www.bobd.cn）

1.2.2 产品设计表现的特点

产品设计表现的作品既应该准确、清晰地符合自然规律，又要有很强的直观性和科学性。产品设计表现具有以下几个特点。

1．准确性

同语言表现一样，产品设计表现如果表达得不够准确就容易让人产生歧义和误解。产品设计要得到设计、生产环节中相关工作人员的认同，就应该从表现的初期准确无误地将设计思路和意图表达出来，做到思路与表现相统一，这样既可以做到准确表达设计意图，又能避免不必要的重复和浪费。正确传达设计的信息是设计表达的首要任务。设计师在传递自己的设计思想时，主要是描述产品的功能特性和形态特征，准确、客观地表现产品的形体关系、透视关系、结构关系、比例关系，从视觉感受上建立起设计师与观者之间的有效媒介，进而实现有效沟通。

2．说明性

设计语言是最丰富生动的语言，这些语言很难用文字来描述和概括其形象特征，这使得产品设计表现具有很好的说明性。例如，一个设计物体的体量、形状、质感、色彩、风格、功能等都很难用简练的文字进行表现，而通过设计表现，就能很好地传达产品的设计，较好地说明设计的最终目的。因此，形象化的表现方式比文字或者其他表现方式更加能够阐明产品的特征和设计意图。在设计师刘传凯的设计中，能清楚地说明产品的构造、颜色、质感以及详细的使用方法（如图1-16所示）。

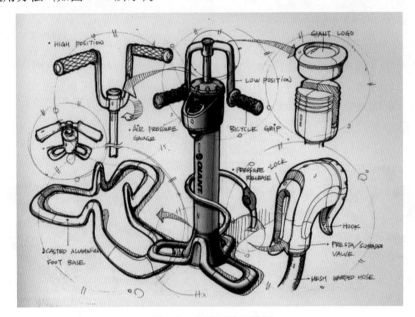

图1-16　产品设计手绘图

（图片摘自：顶尖设计网．http://www.bobd.cn）

3．实用性

随着科学技术的发展，计算机在设计领域广泛运用，这为产品设计的表现提供了更宽广的平台。在产品开发与管理的流程效率大大提高的同时，产品开发前期，设计与表现的要求随之增加。产品设计的实用性一方面是指提高效率，快速有效的方式成为最便捷的表现手段；另一方面是指建立在精准、无误的基础之上，针对不同的产品采用不同的表现手段。

4．艺术性

设计表现的视觉语言要素的内涵性与造型艺术类似，都具有象征意义，且不受符号的限制。然而，两者又有很大的不同。造型艺术是艺术家的自我表达，而设计表现是在遵循认知规则的情况下，将所传递的信息在设计这一媒介物的作用下使受众正确理解并接受的过程。

5．多样性

产品设计表现的目的是为了在一定的设计方法的指导下，把符合生产加工技术条件的产品设计运用视觉化的方式和技术化的手段加以展现。图 1-17 所示的某产品的设计草图从不同角度赋予设计产品新的品质和视觉感受。

图1-17　某产品的设计草图

（图片摘自：顶尖设计网．http:// www.bobd.cn）

1.3　产品设计表现的方式

产品设计的过程是一个集设计与工业于一体的循序渐进的组合程序，每一个工序都需要一定的技术来完成。不同的设计表现方式作为产品设计的思想呈现阶段，能够影响产品设计的最终呈现。由于实用工具和材料的不同，产品设计的表现方法不同。按照空间类型，产品设计表现可划分为二维空间产品设计表现和三维空间产品设计表现。

1.3.1　二维空间产品设计表现

二维空间产品设计表现方式包括设计草图、设计表现图、摄影等。

1．设计草图

设计草图是设计师由感性的认识到理性落实的必经阶段，由于具有方便、简单、快捷的特点，成为设计师进行产品设计的初级阶段，在整个设计过程中有着不可或缺的作用。这种渐变的方法有助于将设计师的思路打开，完成思路的扩展和完善，能够激发设计师的灵感，整合设计师零星且不完整的思路，忠实地记录设计师的想法，如图 1-18 所示是一款播放器的产品设计表现，从不同角度记录了设计师的想法。如图 1-19 所示，与该节的前两图不同，通过有主有次的顺序将几款播放器的特点表现出来。如图 1-20 所示，通过外形、颜色及使用方法来阐明设计师的想法，将两款不同的 U 盘的特点表现得淋漓尽致。

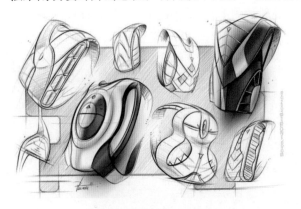

图1-18　播放器设计草图

（图片摘自：站酷网．http://www.zcool.com.cn）

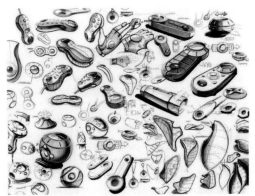

图1-19　播放器设计草图

（图片摘自：站酷网．http://www.zcool.com.cn）

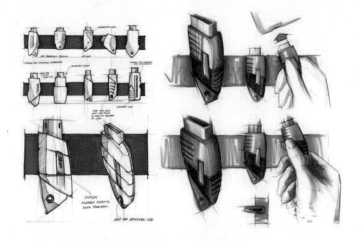

图1-20　U盘设计草图

（图片摘自：站酷网．http://www.zcool.com.cn）

知识拓展

　　产品设计表现是将想象转为现实的过程，这要求设计师具备良好的绘画基础和一定的空间立体想象力，只有具备精良的表现技术，才能充分保证产品的形、色、质感，才能引起人们的共鸣。

2．设计表现图

在设计程序逐渐深入的过程中，设计师在设计草图的基础上会进行深入的完善，从而进行更加深入的设计语言的表达。将最初概念性的构思继续深入，形成的表现图成为最初方案表现图，如图1-21所示，是摩托车的产品初期设计稿。为了让设计过程中所有的参与者能够清晰地了解设计方案，它的绘制特点应该秉承清晰、严谨、多形态的设计原则。

当最初方案不断深入之后，就离不开设计表现的最终完善。为了使产品设计的每个细节明确无误地完成，此时的设计表达应该详实、准确地表现出产品的外观，包括产品的形状、体量、颜色、材料、质感等多个方面。此时设计表现的特点是精细、完善、写实，如图1-22所示，逐渐精细地表现了摩托车的特征，比如，轮胎的设计逐渐精细。图1-23所示则是产品的最终稿，准确地将轮子的外形和细节表现了出来。

图1-21　摩托车最初方案表现

（图片摘自：站酷网．http://www.zcool.com.cn）

图1-22　摩托车最终完善图1

（图片摘自：站酷网．http://www.zcool.com.cn）

图1-23　摩托车最终完善图2

（图片摘自：站酷网．http://www.zcool.com.cn）

知识拓展

设计是一项为不特定的对象所做的传播行为，往往要超越国界、时空等距离。有时候用语言、文字无法完整地来描述。只有通过视觉化的东西才能将其反映清楚。所以说，设计表现是人类的共同语言。

3．摄影

摄影是人类视觉最直接、也最容易识别的信息载体。产品摄影是一门以传递商业信息为目的，为了展示产品的影像。摄影图片与文案一起构成了产品摄影的整体。产品摄影从属于产品整体推广和宣传活动，具有一定的经济价值和文化审美价值。如图1-24所示，是表盘的微距摄影图。该图表现出了手绘很难表现出来的精细，既具有一定的美感，又突出了产品的特性。图1-25所示为一幅典型的产品摄影图。该图不仅表现了产品的外形特点，还将其置于一个特定的环境中，更容易使消费者了解产品的特征。

<table>
<tr><td>图1-24　表盘的微距摄影图</td><td>图1-25　灯具的摄影图</td></tr>
<tr><td>（图片摘自：站酷网．http://www.zcool.com.cn）</td><td>（图片摘自：站酷网．http://www.zcool.com.cn）</td></tr>
</table>

01

知识链接

　　产品摄影是传播商品信息、促进商品流通的重要手段。随着商品经济的不断发展，产品已经不是单纯的商业行为，它已经成为现实生活的一面镜子，成为广告传播的一种重要手段和媒介。

1.3.2　三维空间产品设计表现

　　三维空间的产品设计表现比二维表达更加直观和真实，能够更好地使产业链中的其他合作者了解产品的外观和使用功能，给人一种直观的感受。三维空间的产品设计表现主要表现为模型的设计。

　　产品设计模型是产品设计创意的三维立体形态实体，是设计师表达设计理念及设计构思的重要手段，需要根据模型的功能采用不同的材料、不同的技术工艺和不同的加工工具，对自己头脑中或是在二维中已经形成的设计方案进行表达。

　　如图1-26所示的收音机，设计师利用三维软件进行绘制，展示出产品模型，精致、细腻地表现了产品的特征。

　　图1-27所示为产品设计师使用油泥做的一款摩托车模型，对于初学者而言，模型不仅能够展现产品而且还能够使学者更加深入地了解三维立体空间中的产品设计表现。

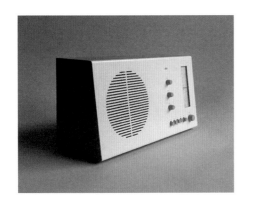

图1-26　收音机的三维模型

（图片摘自：站酷网．http://www.zcool.com.cn）

图1-27　摩托车实体模型设计

（图片摘自：站酷网．http://www.zcool.com.cn）

知识链接

　　客观存在的现实空间就是三维空间，具有长、宽、高三种度量。数学、物理等学科中引进的多维空间的概念，是在三维空间的基础上所做的科学抽象，也叫三度空间。

01

1.4　产品模型概述

1.4.1　什么是产品模型

　　产品模型就是仿照产品的外形、大小、形状、颜色等，运用各种材料做成与实际产品相似度很高的揭示原型的形态、特征和本质的模型。产品模型涉及机械、汽车、轻工、电子、化工、冶金、建材、食品等多个领域，应用范围十分广泛，如图1-28～图1-30所示。

　　我国最早的模型是汉代的"陶楼"，如图1-31所示。"陶楼"是汉代随葬品和祭祀品，用胚土烧制而成，按照一定的比例进行缩放，外形和结构与实际建筑十分接近。

图1-28　汽车模型

（图片摘自：百度图片网．
http://image.baidu.com）

图1-29　电子产品模型

（图片摘自：百度图片网．
http://image.baidu.com）

图1-30　食品仿真模型

（图片摘自：百度图片网．http://image.baidu.com）

图1-31　汉代"陶楼"

（图片摘自：百度图片网．
http://image.baidu.com）

知识拓展

　　陶楼是中国境内东汉墓葬中常有的一种冥器，展示出了东汉豪族的强大权力和军事实力。它是汉族豪强地主强大势力的体现。

　　现代模型一般指对工业产品的模拟和展示。随着现代设计的发展，模型的种类也越来越多，涉及的材料及行业也越来越广，如设计行业、航空军备行业（如图1-32所示）、建筑行业（如图1-33所示）、影视行业等。

图1-32　军用飞机模型

（图片摘自：百度图片网．
http://image.baidu.com）

图1-33　建筑模型

（图片摘自：百度图片网．
http://image.baidu.com）

在现代产品设计中，模型是表达设计的常用手段之一。通过反复的调整、推敲分析、讨论等阶段来修改模型，以达到最佳的设计效果。模型是设计师与设计师、设计师与客户、设计师与消费者之间沟通的有效语言。模型以实体的形式展示。

随着现代工业的发展，模型的种类也越来越丰富。模型涉及很多行业，成为设计师表达想法的有效手段之一。相对计算机效果图而言，实物模型较为直接和真实，行业内外人员都能接受，并能展开有效沟通。

模型分为概念模型（如图1-34所示）和实物模型（如图1-35所示）。概念模型是对真实世界中事物的描述。实物模型是依靠物质的基本形态所做的模仿。实体模型的表现手法远比平面图、透视图、效果图等更容易表达设计效果。制作产品模型不是设计的目的，也不是最终结果，而是研究设计的工作方式。

图1-34 概念模型

（图片摘自：百度图片网.

http://image.baidu.com）

图1-35 实物模型

（图片摘自：百度图片网.

http://image.baidu.com）

1.4.2 产品模型是产品设计的重要环节

大多数设计开发失败的案例都发生在由设计向生产的转化阶段。例如从构思效果图和感性预想直接进入生产工艺设计，然后又基于生产工艺设计进行模具设计，当发现结构上的问题时，已造成了高额的费用支出。在造型设计阶段，为了研讨，通常要绘出无数创意的手绘图和产品效果图，如图1-36、图1-37所示。但这只是在平面上表现的形象。之所以造成设计开发失败，问题在于由二维形象向三维形象转化的过程难以正确把握。有时因设计师一厢情愿地对美的造型的追求，而忽视了公司的实际生产水平和对产品工艺的合理性要求，有时因开发时间紧迫或费用紧张，而省略制作模型的步骤，各职能部门之间协调和沟通等。

图1-36　产品手绘图

图1-37　产品效果图

（图片摘自：百度图片网.

http://image.baidu.com）

（图片摘自：百度图片网.

http://image.baidu.com）

　　将设计形象转化为产品的形象时，必须利用模型手段。在设计定案阶段所进行的设计评价和最终承认的方案是工作模型和生产模型，如图 1-38 所示，由于它是从各个方面对产品进行模拟，所以能够明确把握产品在构造上和功能上的问题点。

图1-38　工作模型与生产模型

（图片摘自：百度图片网. http://image.baidu.com）

　　工作模型制作的目的是把先前二维图纸上的构想转化成可以触摸索与感知的三维立体形态，并在这种制作过程中进一步细化、完善设计方案，最后按照生产的工艺、标准来制作产品样机，如图 1-39 所示。这是产品进行工厂批量生产阶段之前的"大检阅"，尤其是在当前先进的数字化、虚拟化技术广泛应用的前提下，设计师的感性评价与知觉受到了前所未有的挑战。

图1-39　产品样机

（图片摘自：百度图片网.

http://image.baidu.com）

　　作为产品设计中一个不可缺少的环节，模型制作对现代设计的发展至关重要。从不同角度对模型分类进行分析，能使设计师全面了解模型的内容和含义，深刻认识模型制作这一重要设计过程，把握其精髓，全面提高自身综合素质和设计能力，从而整体提升设计水平，促进设计的发展。

模型制作是对产品的造型、结构和外观等方面所进行的综合性的设计，以便生产制造符合人们需要的实用、经济、美观的产品。

1.4.3 模型制作的基本原则及意义

1．模型制作的基本原则

模型制作是设计师对设计进行综合考虑的过程，设计师对设计的构想必须结合美学、材料工艺学、人机工程学等学科知识，合理运用立体的方式表达设计师的理念。在模型制作的过程中，必须遵循以下原则。

(1) 科学性。

模型与艺术品不同，需要如实地表现产品特性，必须科技、客观地描述产品的形象。模型强调科学性及逻辑性。而艺术品是表达艺术家思想的媒介，允许有主观的造型及色彩，不一定要符合当代工艺要求。

(2) 创新性。

设计不同于绘画艺术，设计是设计师对市场上所有没有的事物进行描述，所以这要求设计师必须具备超前的意识和创新性。这种创新性往往来源于设计师对生活的体验，对美好事物的追求。

(3) 艺术性。

模型制作是设计师经过反复推敲，运用各种不同的材料及现代工艺进行精心制作的结果。它的造型及色彩都有一定的艺术性，体现了科学与艺术的完美结合。

(4) 可行性。

为了满足设计需求，设计师必须对产品进行大量的创新。艺术与科学的完全结合，是设计师一生的追求。产品需要投放生产、工业产品都要经过科学、规范、精确的机械制作。所以，在制作模型时应该充分考虑产品的可行性，选择合适的工具、材料、工艺进行制作。

2．学习原则

(1) 培养学生对工具的使用能力。

工具不仅是一件器具，也是产品设计师体验、贴近制造业的一个重要途径。记得小时候生活在农村，孩子们都崇尚自己动手做玩具、修单车、做木工模型……现在社会进步了，人们的依赖性变强了，动手能力却变弱了。很多同学对制造和生产产生了厌恶和恐惧，生活当中，极少与工具打交道，更谈不上灵活使用工具。

工具的使用能使人投身于制造的氛围中，并且能享受制作过程中那份喜悦与成就感。会使用工具包、对工具有充分的认识、知道操作方法、会选择合适的工具进行使用，是一个设计师必备的素质。只有熟练地使用工具，才能充分利用工具的性能来辅助设计，激发设计师对设计的思考，如图1-40、图1-41所示。

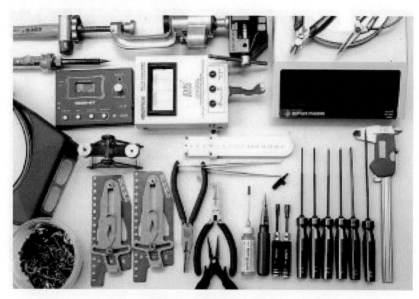

图1-40　模型制作工具

（图片摘自：百度图片网．http://image.baidu.com）

图1-41　熟练地使用工具

（图片摘自：百度图片网．http://image.baidu.com）

　　(2) 培养学生对图纸的理解能力。

　　制作识图是产品设计师的基本能力，图纸是量化设计的重要工具，如图 1-42 所示。凡是工业产品都需要对产品的外观、结构进行图纸绘制，使其适应机器生产。图纸包括三视图、结构图、零件图等。这些图纸都需要设计师和工程师合作完成，作为初学者，必须对设计图纸有足够的重视意识。工业产品设计并不是天马行空地描绘，而是按照现有条件脚踏实地去绘图。

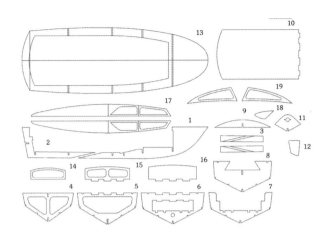

图1-42　模型制作图纸

（图片摘自：百度图片网．http://image.baidu.com）

知识链接

　　工业设计最大的特点是商品化，任何设计都以生产为前提。设计师除了会绘制图纸以外，还要能读懂图纸。因为在生产过程中，设计师若要严格控制设计的品质，就避免不了与工程师进行沟通。设计师与工程师之间的沟通一般使用图纸，图纸是他们沟通的语言。

01

　　(3) 培养学生对材料、工艺的把握能力。

　　造型、材料、色彩是构成一件产品的三要素。制作模型要求设计师必须具备绘制图纸、会看图纸的基本能力；依据设计图纸的要求选择合适的材料及工艺进行模型制作。模型制作是一种经济、实用、直接的创作活动，是设计表达的重要手段。最终的设计理念必须依靠材料和工艺表达出来，如图 1-43、图 1-44 所示。

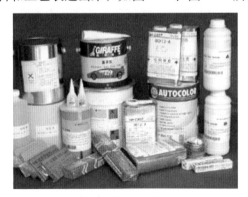

图1-43　模型制作材料

（图片摘自：百度图片网．

http://image.baidu.com）

图1-44　制作模型

（图片摘自：百度图片网．

http://image.baidu.com）

知识拓展

　　新材料的出现必然导致新工艺、新工具的变化。要制作好模型，设计师必须对新材料、新工艺有充分的了解和灵活应用的能力。

　　(4) 培养学生对设计的整体把握能力。

　　制作模型首先要学会如何规划和控制设计与尺寸之间的关系。其次要掌握设计与设计图纸之间的比例关系，对模型有目测的能力，学会整体地看待设计问题。设计师在这个过程中应该学会对空间的理解及想象能力，能将设计图纸（二维）向设计模型（三维）转变。能对模型制作的整体流程有充分把握，并能预知可能会出现的问题及应对的办法。学会整体地看待设计问题，例如设计与材料问题、设计与工艺问题、设计与生产问题、设计与营销问题等。

　　结合设计师以往制作模型的经验，坚持以设计图纸为标准制作模型，杜绝不严谨的工作态度。学会从多方面、多角度去观察、理解、分析模型，最终达到"模型为设计服务"的原则。

　　(5) 培养学生学习及相互学习的能力。

　　制作模型是学生与教师进行设计沟通的重要阶段，很多现实问题都会在制作模型的时候出现，如选择材料、制作模型应该注意的问题等。制作模型也是学生对自己设计知识的一次检验。

　　制作模型一般以小组或个人进行，每位同学都需要参加。在制作模型时应该学会协作和沟通。在与同学、教师交流时，大家应互相学习、共同进步，这是学生学习能力的综合体现。

知识拓展

　　制作模型的过程不仅能使学生之间相互学习，还能帮助教师对教学方法进行调整和思考。更重要的是，教师也能在学生的身上学到很多东西。模型制作是学生与教师共同研究设计问题的有效手段。

　　(6) 培养学生严谨的工作态度。

　　模型制作是一个艰苦、有序、愉快的劳动过程。学生应该像工人一样敬业，像农民一样勤劳。制作模型应该具备认真、细致、专业的工作态度，既要有设计师的思考能力，又要有工人的动手能力，还需要有农民的勤劳精神。善于利用现有条件、现有资源进行模型制作，既能独立完成个人的工作，又要善于团队合作。

　　产品要正式投产之前需要对各种设计指标进行综合评估。利用模型作为实验依据，可对产品功能、结构、材料应用、生产工艺制定、生产成本核算等问题进行分析研究，这其中的每一个工作环节都不容松懈、马虎。

　　态度决定成败，只有当设计师热爱自己的专业，踏踏实实地去工作，才能成为一个具有职业责任感和社会责任感的专业人才。

1.5　综合案例：隆鑫CR5运动休闲机车设计

设计的本质就是要通过适当的外部形状、色彩充分但不夸张地、真实而不虚假地表现出产品的内涵。设计不是艺术。产品设计表现的艺术性体现在设计师对于产品从外形到功能的表达。在遵循认知规则的情况下，产品设计表现能够使受众很快了解产品的性能。廖一星表现的是隆鑫CR5运动型机车，如图1-45～图1-47所示。

分析：

该款机车紧扣时下都市时尚新潮的运动设计风格，线条的流水感极强，有白、黄、蓝三种颜色。无论是纯净的白色、绚丽的黄色还是稳重的蓝色，都不能掩去它本身的都市运动潮流气息。他简略地描绘了2013隆鑫CR5运动休闲机车的表现过程，绘制手法流畅，且能够清晰地表达产品的特点，是一套优秀的产品设计表现。

图1-45　2013隆鑫CR5运动休闲机车1

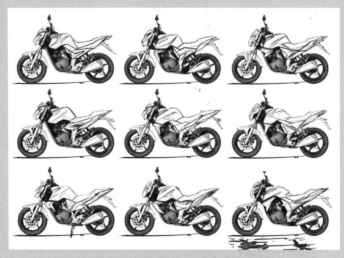

图1-46　2013隆鑫CR5运动休闲机车2

图1-47　2013隆鑫CR5运动休闲机车3

（图片摘自：中国手绘技能网．http://www.designsketchskill.com）

（资料来源：中国手绘技能网．http://www.designsketchskill.com）

01

本章主要介绍产品设计表现的相关知识。产品设计表现为工业产品的产生和完成创造了基础的创意和草图，使工业产品设计师的想法有据可依。产品设计表现通过图形、文字对全新的产品进行全面呈现，其表现形式多种多样。该过程是一个从模糊到清晰的演变过程，是从概念到具象的演变过程，是工业产品设计中不可或缺的一个环节。产品设计表现具有准确性、说明性、实用性、艺术性、多样性的特点。

一、填空题

1．产品设计表现是将抽象的概念转化成_____的过程，是从模糊到清晰的演变过程。

2．产品设计的种类随着_____以及生活方式的多样化愈加多样化，因此，产品设计的创意表现形式也有了多样化的面貌。

3．产品设计模型是产品设计创意的_____，是设计师表达设计理念及设计构思的重要手段。

二、选择题

1．产品设计要得到设计、生产环节中相关工作人员的认同，就应该从表现的初期准确无误地将设计思路和意图表达出来，这体现了产品设计表现的_____性。

  A．准确   B．说明   C．艺术   D．实用

2．按照空间类型产品设计表现可分为_____产品设计表现和三维空间产品设计表现。

  A．空间   B．二维空间   C．艺术性   D．一维空间

三、问答题

1．产品设计表现的目的是什么？

2．产品设计表现的特点是什么？

3．产品设计表现的主要形式有哪些？

01

第2章

产品模型的类型

学习目标

- 掌握产品模型的功能分类。
- 掌握产品模型的设计分类。
- 掌握产品模型的材料分类。

技能要点

结构模型　　功能模型　　外观仿真

案例导入

面包机设计

　　设计师关注的问题通常是设计的闪光点，这些构思想要表现出来必须通过手绘稿来实现。本案例呈现了一款不一样的面包机：把面包机当作厨房装饰品设计使其安装在墙上，不仅方便省地方，而且可以当一件艺术品(如图2-1、图2-2所示)。本案例中的面包机就是这样的艺术品，将面包机挂在墙上的设计，在设计初期，产品表现能展现设计师的思想，设计师也找到了最佳的设计方案。

　　分析：

　　该款面包机的设计师除了将面包机的外形和性能作为表现的重点之外，还将产品的闪光点——壁挂式作为表现的重点。这样一来，能够让大众清晰地了解产品的作用和特征。

图2-1　面包机的设计1

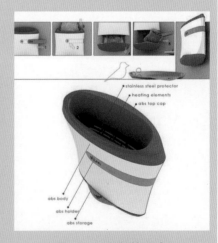

图2-2　面包机的设计2

(资料来源：中国设计手绘技能网．http://www.designsketchskill.com)

2.1　按模型功能分类

现代社会提倡能快节奏、高效率、省资源地完成制定的研发目标。企业更是时刻关注商机的变化。这对设计公司提出了更高的要求，例如，怎样快速、直接展示设计创意，无隔碍地与企业沟通等问题。在设计的不同阶段，不同功效的设计需要有针对性的模型来高效地、直观地展示。

依据模型的用途可以将其分为形态模型、初步概念模型、结构研究模型、功能研究模型、外观仿真模型以及产品样机。

2.1.1　形态模型

形态模型通常称为草模型，主要是快速地记录设计想法的构思模型。这种模型应用于产品开发设计或改良设计的构思发展阶段的分析与研究。通过制作形态模型，把设计构思用简练的立体形态记录下来，便于在设计深化时对产品形态进行研究，如图2-3所示。在设计过程中，设计师的脑子里往往会呈现各种各样的想法，但是由于紧张或忽视而错过很多好想法。为了解决这个问题，设计师可以在纸上先记录草图，然后用简单的材料快速地将想法做出来。这样做的目的是当设计师对这些想法进行梳理和深入研究时，为其提供依据，使其不易忘记。

图2-3　形态模型(纸材)

（图片摘自：百度图片网.
http://image.baidu.com）

2.1.2　初步概念模型

在产品开发设计构想方案初步确定之后，为使构想方案表达得更具体，应将设计构想方案制作成较正规的实体概念模型。这种模型用高度概括、抽象的表现手法，通常就地取材，用简易并容易加工的材料来表达产品设计风格、形态特征、功能布局、人机界面关系等。这种模型是设计的雏形，为以后完善设计细节打下了良好的基础。这种模型主要表达设计创意的概念与造型之间的关系，如图2-4所示。

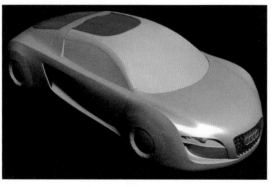

图2-4　概念汽车模型

（图片摘自：百度图片网. http://image.baidu.com）

2.1.3　结构研究模型

结构研究模型的重点是研究产品模型与结构的关系，表现产品形态的结构特点、连接方式、块与块、点与面之间的组合关系，如图2-5所示。这类模型一般只需要准确地表达核心结构部位即可，对模型外观、材料、色彩均匀不作要求。通过结构研究模型可以调整产品结构，使产品的结构得以合理并优化，形式更加符合功能的需要，如图2-6所示。

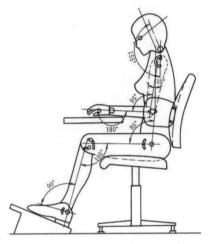

图2-5　椅子人机研究模型

（图片摘自：百度图片网．
http://image.baidu.com）

图2-6　椅子结构研究模型

（图片摘自：百度图片网．http://
image.baidu.com）

知识拓展

结构形态模型是研究产品结构关系的重要工具。模型通常以简单、准确为制作原则，设计师必须对产品设计构思和结构关系有全面的把握。

2.1.4　功能研究模型

功能是一个产品的核心。所有的外观、材料、色彩等都是为产品功能服务的。在深化设计阶段需要制作功能研究模型，以此来研究产品的物理性能、机械性能、人机界面关系等，如图2-7所示。通过功能研究模型，可以观察并发现问题、分析问题，综合处理好设计的各个零件、部件、组件与机能的相互关系。功能研究模型以计算机功能模型（如图2-7所示）和实物功能模型（如图2-8所示）两种形式出现。功能研究模型必须按照已经确定的设计方案要求进行表现，以利于深入改进产品性能、协调人机关系，为创造内外质量合理的设计提供科学的依据。

图2-7　功能研究计算机模型

（图片摘自：百度图片网.

http://image.baidu.com）

图2-8　功能研究实物模型

（图片摘自：百度图片网.

http://image.baidu.com）

知识拓展

　　功能研究模型与结构研究模型相同之处是，只需要把研究的核心部件做精致、准确即可，可以暂不需要考虑产品外观等因素。

02

2.1.5　外观仿真模型

　　外观仿真模型是产品设计中的最后一道工序。很多企业负责人不是学美术出身，对于抽象的图像很难看得懂。因此，他们要求设计师用实体模型这种直观的方式进行设计沟通。那么对于尺寸比例准确、工艺精良、质感真实、人机界面清晰的要求，设计师只有通过制作外观仿真模型才能实现。仿真模型（如图 2-9 所示）在设计研究当中为产品选择材料、外形特征及模具设计生产加工提供了基本的工艺标准，而且外行人也能一目了然地理解设计。同时，设计师也能较好地诠释设计内涵，为设计委托单位和决策者提供评价的实物依据。

2.1.6　产品样机

　　制作产品样机是整个设计程序中体现成果的阶段，体现了设计师、工程师、工艺师及所有参与设计项目团队艰辛的创造成果。样机的功能、结构、材料、形态、色彩、文字标志、生产工艺，质感都是符合现有生产技术及工艺要求的。制作样机是按照已经确立的设计方案，向生产单位申报所需要的材料、配件、加工工艺（包含新技术、新材料、新结构方式）等条件。样机的生产可

图2-9　玩具仿真模型

（图片摘自：百度图片网.

http://image.baidu.com）

以推动设备、模具、加工工艺等生产技术的进步。产品样机是检验产品量产前的全部设计细节工作，并且产品造型、零部件、结构等可能都是需要重新开发的。因此，样机的制作成本在众多模型中是最高的。同时，样机制作体现了项目的实质加工工艺、工艺流程、相对要求较高。一般样机不用于参加比赛或展览会，它是设计最终阶段的体现，如图2-10、图2-11所示。

图2-10　椅子样机模型

（图片摘自：百度图片网.
http://image.baidu.com）

图2-11　榨汁机样机模型

（图片摘自：百度图片网.
http://image.baidu.com）

【案例1】

圆珠笔的设计

由于产品设计表现的特征与现实中的比例无异，因此，在产品设计表现图中，人们能够清晰地看到产品的比例。在本案例中，笔的产品设计表现图清晰地展现了笔的比例和尺度，如图2-12～图2-14所示，能够感知和认识到该案例符合人们对于比例和尺度的审美要求。

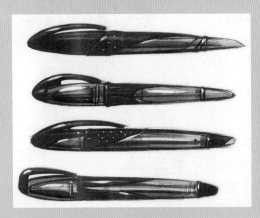

图2-12　笔的仿真设计

分析：

图2-12所示是圆珠笔产品的仿真设计，从这张图中能够清晰地看出笔的比例结构，能够使消费者一目了然地了解产品。图2-13所示是产品的手绘设计图，但不同的是，该图更加细致地表现了产品的比例。图2-14所示是圆珠笔的样机模型，突出了笔的本身与笔盖的比例，增加了消费者对产品的了解。设计师通过不同的形式展示圆珠笔的外形，不仅能够提高人们对圆珠笔的认识，而且也能引起人们的购买欲望，使设计图真正起到展示、消费的作用。

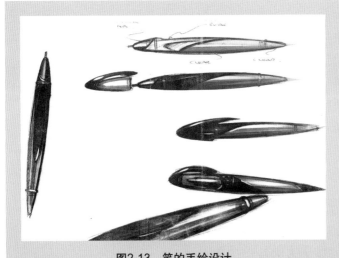

图2-13　笔的手绘设计

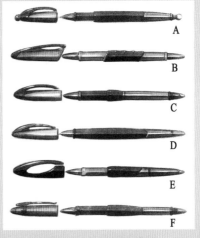

图2-14　笔的样机模型

（资料来源：中国设计手绘技能网．http://www.designsketchskill.com）

02

2.2　按设计类型分类

　　产品设计模型是产品设计活动中的一种重要表达方式。对企业而言，产品模型制作需要具有造价低、制作周期短、三维效果逼真、降低开发风险等优势。目前，产品模型已经成为企业探测市场和销售的一个有效方法。企业通过产品模型的展示试销，征求消费者的意见及接受市场的考验。从而使企业正确把握市场动向，果断决策，主动拓展和占领市场。本书涉及的工业产品模型有家具模型、电子产品模型、灯具模型、交通工具模型。下面对这些常见的模型分别进行分析。

2.2.1　家具模型

　　家具模型通常以打板的形式出现，也有做成缩小比例的模型。家具模型的制造工艺、材料具有其特殊性。家具产品由于技术含量相对比较低，制作模型的成本也不高，通常按照比例进行制作，常用比例是1：10和1：5。图2-15所示为1：10的办公椅模型。随着科技的发展，当前十分流行的家具有实木家具、板式家具、板木家具等。在家具设计中，人机工程学是非常重要的部分。所以，使用人机工程学对真实的比例模型进行检验和测试是十分必要的。

图2-15　1：10的办公椅模型

（图片摘自：百度图片网．
http://image.baidu.com）

2.2.2 电子产品模型

电子产品包括日用电子产品、家用电器、计算机、通信设备等。根据产品的大小、成本的预算和客户需求，可以制作成 1：1 的模型，也可以制作成 1：5 或 1：10 的比例模型作为设计研究和设计讨论。模型的外观精度，人机界面一般都要求比较细致，与最终产品基本接近，如图 2-16 所示为吹风机模型。

2.2.3 灯具模型

现代灯具从功能上可分为照明灯具和装饰灯具两种。根据灯具材料的不同，设计师可以在生活当中寻找合适的材料，一般采用手工制作，并且不需要太多的特定工具。灯具的配件在市场上也较容易买到。对于课程的实训而言，学生比较容易操作和开展。灯具模型的比例一般与实际灯具大小一致，如图 2-17 所示。

2.2.4 交通工具模型

交通工具有汽车、摩托车、列车、飞行器、自行车等。这类产品生产成本很高，在投入生产之前必须通过制作模型来进行研究和探讨，以减少投资风险。造型、人机工程学测试、空气动力学测试、力学测试、材料测试、安全测试等试验必须在模型解读中做出准确的判断。因此，模型的精确性要求特别高。在教学中，这类模型一般用油泥、精密泡沫、ABS 等材料制作，以便于反复地修改和评价，如图 2-18 所示。在这个阶段要不断地进行数据的输入和输出，以改善设计获得最佳的方案。

图2-16　吹风机模型

（图片摘自：百度图片网．
http://image.baidu.com）

图2-17　藤编灯具模型

（图片摘自：百度图片网．
http://image.baidu.com）

图2-18　概念车模型

（图片摘自：百度图片网．http://image.baidu.com）

> **知识链接**
>
> 　　由于交通工具体量较大，在模型制作时一般采取缩小比例制作的方法。一是便于制作及修改；二是节省制作成本。

2.3　按模型材料分类

　　制作产品模型的材料很多，主要选用易于加工，具有一定强度，不易变形的材料。按照选用的材料制作模型可以分为纸材模型、石膏模型、油泥模型、木材模型、玻璃模型、塑料模型(泡沫、有机玻璃、PVC、ABS)等。下面具体描述各类模型的特性。

2.3.1　纸材模型

　　在产品设计方案还没有定型阶段，常用卡纸制作产品设计的草案模型，以利于设计方案的修改。一般选用深灰印刷纸、白卡纸、纸箱纸、白板纸等。这类纸材具有一定的硬度，表面比较光滑、平整、耐折，制作的工具一般只需要钢尺、戒刀、胶水等。纸材模型易于制作和上色，能较好地表达产品的形态和体量关系，如图 2-19 所示。

02

图2-19　纸火车模型

(图片摘自：百度图片网．http://image.baidu.com)

2.3.2　石膏模型

　　石膏是一种天然的含水硫酸钙矿物。石膏是模型制作中常用的材料。其优点是容易塑性、加工方便、价格便宜、易于上色和保存，具有一定的强度又不易变形。其缺点是较重、易碰碎、较难修补。石膏模型适合制作大件的物体，如图 2-20 所示为石膏相机模型。

图2-20　石膏相机模型

(图片摘自：百度图片网．
http://image.baidu.com)

2.3.3　油泥模型

　　油泥有一定黏性和油性。油泥有软油泥和硬油泥之分。软油泥用手温就能使其变得柔软，方便使用；而硬油泥一般需要用烤箱加热才能使用。由于硬油泥的性能比较稳定，且切除和添加都十分方便，可以直接做实体模型，并能经常修改；按照设计的要求，在尺寸、形态、细节上可以进行较为准确的雕刻，其表面的着色也有更有质感，因此目前大多数设计师都用硬油泥来制作模型。图2-21所示为硬油泥汽车模型。

图2-21　硬油泥汽车模型

（图片摘自：百度图片网.

http://image.baidu.com）

2.3.4　木材模型

木材模型制作所选的材料是天然木材或复合板材，如实木、木芯板、胶合板、密度板、层板等，通常用来制作设计方案的定稿模型。其优点是强度高，不易变形、表面处理简单、适合制作较大的产品模型，如图2-22所示。但木材模型制作需要熟知一定的木工制作技术，操作有一定的危险性。所以，一般是在教师指导下进行制作。

图2-22　木玩具车模型

（图片摘自：百度图片网.

http://image.baidu.com）

2.3.5　玻璃钢模型

玻璃钢是一种重要的工业产品造型材料，被广泛应用于多种产品制造行业。用玻璃钢制作的模型不易变形、强度好、表面喷涂方便、利于保存，还可以做空心结构，适合制作大、中型的产品模型。例如飞行器、概念车、船等大体积的产品模型，如图2-23所示。

2.3.6　塑料模型

塑料模型制作一般选用泡沫、有机玻璃、PVC板、ABS板等，是产品开发设计和改良设计确定后理想的模型材料，多用于仿真模型、产品样机制作，如图2-24、图2-25所示。

图2-23　玻璃钢汽车模型

（图片摘自：百度图片网.

http://image.baidu.com）

图2-24 塑料飞机模型

图2-25 塑料人物模型

（图片摘自：百度图片网．http://image.baidu.com）

知识拓展

　　塑料模型优点是有多种加工方式，如机器和手工加工等，且容易成型、着色，是产品开发展示设计创意理想的工艺手段和材料。

02

2.4 综合案例：游戏眼镜设计

　　新颖的产品设计创意与新颖的产品设计表现相结合，会使整个产品显得非常吸引人，本案例就是一个典范。本案例从人们的使用状态出发，绘制了该款产品的使用方法。由于该款游戏眼镜本身的先进性和科技性，使产品设计表现与产品本身相结合，两者都具有令人耳目一新的感觉如图2-26～图2-28所示。

　　分析：

　　由于这款产品本身具有很强的科技性，因此，如果单纯地绘制该产品可能表现不出来产品的特征。该设计师将产品与人体相结合，不仅表现了产品还诠释了使用方法，而且款式也非常新颖。

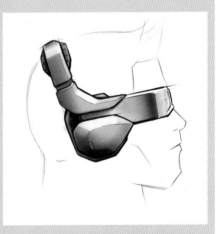

图2-26 3D游戏眼镜设计表现1

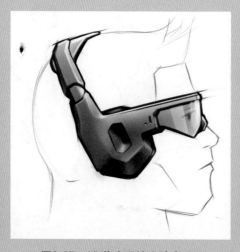
图2-27　3D游戏眼镜设计表现2

图2-28　3D游戏眼镜设计表现3

（资料来源：中国设计手绘技能网．http://www.designsketchskill.com）

02

本章小结

　　设计的复杂性和多样性对模型提出了更高的要求，时代的变化和科技的进步使模型制造的工艺内涵更加丰富和宽广。本章从产品模型的类型对模型进行描述，使初学者对产品设计模型有一个基础的认识。

教学检测

一、填空题

　　1．产品设计按模型可分为_____、_____、_____、_____、_____、_____。

　　2．产品设计按类型可分为_____、_____、_____。

　　3．产品设计按模型材料可分为_____、_____、_____、_____、_____。

二、选择题

　　1．制作_____是整个设计程序中体现成果的阶段，体现了设计师、工程师、工艺师及所有参与设计项目团队艰辛的创造成果。

　　A．纸质模型　　　　B．塑料模型　　　　C．仿真模型　　　　D．产品样机

　　2．塑料模型包括_____。

　　A．泡沫　　　　　　B．有机玻璃　　　　C．PVC　　　　　　D．ABS

三、问答题

1．简述产品模型的类型？
2．什么是概念模型？
3．什么是玻璃钢模型？

02

第 3 章

学习目标

- 掌握产品模型制作的材料。
- 认识模型制作的工具。
- 熟练掌握各种模型制作工具、加式方法及工艺技巧。

技能要点

石膏制作模型　油泥制作模型

案例导入

户外运动Gerber刀具设计

图3-1　户外运动Gerber刀具设计方案1

约瑟·戈博于1939年在美国俄勒冈州波特兰市创办了戈博传奇刀具公司。成立初期，Gerber公司专注于生产厨房刀具，很快便成为美国最优秀的刀具生产商之一。本案例中的军刀表现不仅从色彩、造型传承了军刀的特点，从形态上也遵循了对称与平衡的理念，既有对称又有平衡，两者相互统一，不仅能够表现军刀的大气，又能表现军刀形态上的灵活。从草绘图形到金属质感强的画面，都能展现刀具的锋利。

分析：

图3-1所示是刀具的平视图和折叠之后的平视图，平衡地展现了该款刀具的特征，看起来相当大气。无论从刀身还是刀柄，设计师都做了详细的绘制，准确地展示出产品的外形。

图3-2所示是该款道具更加细致的手绘图，绘制出了产品的结构细节。每个结构都配有文字说明，使刀具设计方案更加细质化。

图3-3所示将其放于一个相对平衡的构图中，突出了刀具的锋利。采用金属材质制作模型，更能体现刀具锋利的特征，诠释主题。斜侧身放置刀给模型提供了更好的展示位置，配合阴影更凸显模型的立体感。

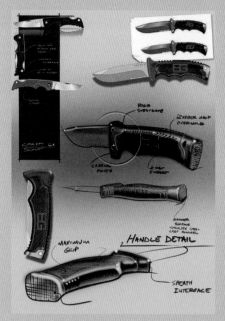

图3-2　户外运动Gerber刀具设计方案2

03

图3-3　户外运动Gerber刀具设计方案3

（资料来源：中国设计手绘技能网．http://www.designsketchskill.com）

3.1　产品模型制作材料

能否选择合适的材料来进行设计表达是一个设计师成熟与否的表现。随着科技的创新，模型材料从传统走向现代，很多新材料和新工艺形成的多样化和复杂性，都对设计师掌握材料知识提出了新的要求。从模型制作的角度来看，对材料的合理利用体现了设计师对物质世界的认识，同时也为设计的创新提供了一个更广阔的空间。

常用的模型材料有：纸材、石膏、油泥、木材、塑料、金属等。

3.1.1　纸材材料

纸是我国四大发明之一。纸的品种很多，按照纸的加工方式可以分为手工纸和机械纸。

手工纸以手工操作为主，利用帘网框架、人工逐张捞制而成，其质地松软，吸水力强，适合于水墨书写、绘画和印刷用。如中国的宣纸，目前其产量在现代纸的总产量中所占的比重很小。

机械纸是指以机械化方式生产的纸张的总称，如印刷纸、包装纸、卡纸等，具有定量稳定、匀度好、强度较高等特点，较适合于印刷、包装、模型制作等。

制作模型的纸材一般使用机械纸，这种纸能按需要方便地进行加工。行业内，每平方米重200g以下的称为纸，200g以上的称为纸板。纸板占纸总产量的40%～50%。纸板具有一定的硬度，易于折叠和粘贴。所以纸板是做简单模型较理想的材料。

纸模型一般会选择120～180g左右的白卡纸、哑粉纸、亚光铜版纸、喷墨打印纸等来进行制作。制作模型的纸材尽量不要选择高光铜版纸，避免纸张吸墨。相片纸成本较高，表面光滑，在粘贴时易粘牢，我国的台湾、香港地区一般也称为西卡纸或飞行纸。用喷墨或彩色激光打印机直接打印在卡纸上制作。纸张的厚度也可以根据纸模型的题材选择，一般涉及弧面的纸模型，如人物、模型龙骨蒙皮等选择120g～150g的纸，建筑、坦克等弧面较少的可以采用150g～180g的纸，个别也可以用200g～220g的卡纸。

常见的纸材如下。

(1) 拷贝纸：17g正度规格，用于增值税票、礼品内包装等，一般是纯白色的。

(2) 打字纸：28g正度规格，用于联单、表格，有多种颜色，即白、红、黄、蓝绿、淡绿、紫。

(3) 有光纸：35g ～ 40g 正度规格，用于表格、便签等低档印刷品。

(4) 书写纸：50g ～ 100g 大度、正度均有，用于低档印刷品，以国产纸居多。

(5) 双胶纸：60g ～ 180g 大度、正度均有，用于中档印刷品，以国产纸、合资及进口为主。

(6) 新闻纸：55g ～ 60g 滚筒纸、正度纸，一般用于报纸。

(7) 无碳纸：大度、正度纸均有，有直接书写功能，分上、中、下纸。有六种颜色，常用于联单、表格。

(8) 铜版纸：80g ～ 400g 正度、大度纸均有，双铜用于高档印刷品。单铜用于纸盒、纸箱、手提代、纸盒等。

(9) 哑粉纸：105g ～ 400g，用于雅观、高档彩印。

(10) 轻涂纸：52g ～ 80g 正度、大度纸均有，介于胶版纸和铜版纸之间。常用于杂志，广告、插页。

(11) 白板纸：200g 以上，用于产品包装。

(12) 有色卡纸：200g 用于高档包装纸，如图 3-4 所示。

图3-4　有色卡纸以及高档包装盒

（图片摘自：百度图片网．http://image.baidu.com）

(13) 牛皮纸：60g ～ 200g，用于包装、纸箱、文件袋，信封等，如图 3-5 所示。

(14) 特种纸：一般以进口为主，主要用于封面、装饰品、工艺品、精品等印刷品。

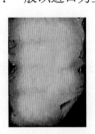

图3-5　牛皮纸与信封

（图片摘自：百度图片网．http://image.baidu.com）

1．纸材的优点

(1) 易于购买、可以快速表达。

(2) 环保、无污染。

(3) 种类繁多，易于折叠、粘接。

(4) 质轻易存放。

2. 纸材的缺点

(1) 易吸水受潮。

(2) 硬度不强、易变形。

(3) 只适合制作大件模型和草模型，细节难以表达。

3.1.2 石膏材料

石膏模型是由石膏粉和适量的水调和的产物。石膏粉(如图3-6所示)与混合调制成浆后，初凝不早于4分钟，终凝不早于6分钟。石膏粉和水的比例决定了石膏模型的气孔大小和硬度。水多则气孔大、强度低；水少气孔小，而强度高。一般用于制作模型的石膏浆按石膏粉与水的比例是1:13。一般用熟石膏粉来制作产品模型。熟石膏粉是制作产品模型的理想材料。

1. 石膏的优点

(1) 在不同的湿度、温度下，能保持模型尺度的精确和形体的稳定性。

(2) 材料安全性高。

(3) 可塑性强，可以做出不同造型的产品，如图3-7所示。

(4) 成本低。

(5) 使用方便，操作方法简单。

(6) 复制性高，可翻制。

(7) 化学稳定性好，不易与空气发生变化。

(8) 加工性能好，制作工具要求不高。

图3-6 石膏粉

(图片摘自：百度图片网.
http://image.baidu.com)

03

艺术品模型

兔子模型

汽车模型

鞋子模型

图3-7 石膏模型

(图片摘自：百度图片网. http://image.baidu.com)

2．石膏的缺点

(1) 有气孔和气泡，表面比较粗糙，加工精度不高，不易于喷涂。

(2) 减法加工法，造成一定的浪费。

(3) 材料较脆、易损坏。

(4) 材料强度较低，较重，不方便移动。

(5) 容易吸水受潮。

3.1.3　油泥材料

油泥又称雕塑油泥，工业模型设计油泥。油泥原材料主要是石蜡、石粉、凡士林、碳酸钙、色粉、水等。冬季常温下硬度 78 度，夏季常温下硬度 69 度，软化温度为 66℃，不含硫。油泥有片状 (如图 3-8 所示) 和条状 (如图 3-9 所示) 两种规格。加工油泥的主要设备是工业烤箱。

油泥几乎不会因温度变化而膨胀、收缩。好的油泥有着优秀的操作性，其色彩一致，质地细腻，随温度变化伸缩性小，容易填敷，能提供相当好的最终展示。特别是刮削性能好，有很好的平衡硬度、黏性、刮削性能。

油泥特别适用于制作等比例和缩小比例的汽车、摩托车、五金手板、工艺品、家电等产品的立体造型设计、模型制作，可塑性极强。

图3-8　片状精雕油泥

图3-9　条状精雕

（图片摘自：百度图片网．http://image.baidu.com）

1．油泥的规格

(1) 200 克 / 片。每片尺寸：15cm×8cm×1.5cm。

(2) 800 克 / 片。每条尺寸：直径 4.5cm，长 27cm。

2．油泥的优点

(1) 常温下质地坚硬细致，可精雕细琢。适合精品原型、工业设计模型制作。

(2) 对温度敏感、微温可软化塑形或修补。

(3) 新产品薄片精雕泥土，用手温即可软化，塑形简便、适合教室教学。

(4) 不沾手、不收缩，比黏土更干净精密，精密度高，是工业品原型制作的好材料。

3．油泥的缺点

(1) 需要工业烤箱软化，操作场所受限制。

(2) 填补油泥时容易出现空腔，后期需要填补。

(3) 加工产生较多碎渣和碎片，回收难度较大。

(4) 加热油泥会产生一定的气味。

4．使用方法

(1) 新产品薄片精雕泥土，用手温即可揉形。

(2) 两片胶合：可用热吹风机软化表面，再压合。

(3) 塑形后，厚块非常坚硬，如需要重新塑造，可用耐热塑胶袋装上，泡在热水中或装在筒内进入电锅中软化。电锅只要插电，不放水，调到保温半小时后即可软化。

油泥是工业品原型制作的好材料，广泛用于工艺品、五金手板、塑胶、汽车、摩托车、电视机等模型，可塑性极强。

3.1.4 木材材料

如图 3-10 所示，木材是能够次级生长的植物，如乔木和灌木所形成的木质化组织。这些植物在初生生长结束后，根茎中的维管形成层开始活动，向外发展出韧皮，向内发展出木材。木材是维管形成层向内发展出植物的统称，包括木质部和薄臂射线。木材对人类生活起着很大的支持作用。根据木材不同的性质特征，人们将它们用于不同途径。

1．木材类型

(1) 桐木，最常用的模型材料，尤其是泡桐，其比重轻、相对强度大、变形小、容易加工。

(2) 松木，东北松纹理均匀，木质细密，比较轻，不易变形，易于加工并富有弹性，是做模型中细长受力件的好材料。

(3) 桦木，材质坚硬，纹理均匀紧密，比重较大。

(4) 椴木，制作仿真模型好材料。

(5) 水松，松软、纹理乱、易变形，用作整形和填充。

图3-10 木材

(图片摘自：百度图片网.
http://image.baidu.com)

(6) 轻木，制作模型较桐木好，但价钱较高。

(7) 层板，椴木层板(如图 3-11 所示)，桦木层板具有强韧的特性。另外，竹子也常用在模型设计中。

木皮又叫薄木，如图 3-12 所示，是材料饰面的重要材料，会大量应用于木纹效果的表面上。

图3-11　椴木层板

图3-12　木皮

（图片摘自：百度图片网．http://image.baidu.com）

知识拓展

　　木料在使用时要考虑强度、刚性等特性。我国早在800多年前的宋朝时期，建筑木匠李诚就将建筑用材料断面高度与宽度比定为3∶2。到了18世纪末19世纪初，英国汤姆士研究发现材料截面高与宽成3.46∶2时，刚性最大；高与宽成2.8∶2时，强度最大；高度与宽度相等，弹性最大。在使用时根据模型的大小、结构来选择合适的材料。

03

　　2．木材的优点

　　(1) 易于加工、易于购买。

　　(2) 材料环保、真实、可触摸。

　　(3) 可以按照真实结构方式进行制作模型。

　　3．材料的缺点

　　(1) 需要特定的机器和工具辅助制作。

　　(2) 易受天气变化，易开裂。

　　(3) 粘接固定的时间较长。

　　4．木料的加工

　　(1) 裁割。将木片多余的部分裁去，或是从木片上截取所需的木条。切割时注意木纹方向，用力要先轻后重逐渐加力直至裁断，不可一刀裁，尤其是裁弧线时更要注意。

　　(2) 刨削。利用刀具和工件之间产生相对直线往复运动切割木材，刨削的木料大多为顺直的木料，但也会有一些翘曲扭曲的木料、板面拼缝的木料等。

　　(3) 拼接。用于木片的加宽和加长，注意拼接后要保持平整，加厚处理时要注意年轮的方向，使拼接后不易弯曲变形。

　　(4) 打磨。打磨时要顺着木纹方向，用力要均匀，先重后轻，并选择合适的砂纸进行打磨。抛光前常用水砂纸打磨。

(5) 弯曲。用火烤、水煮、冷弯等方法可将木料进行弯曲，设计人员可更加灵活地制作模型。

(6) 黏接。胶合剂较常用的有白乳胶、树脂胶、502胶水等。快干胶需自己配制，使用范围广，黏接较方便，缺点是有毒，不宜长期使用。白乳胶价格低廉，因固化时间太长，不利于模型的定型。易于定型的或利用工作台可以定型的模型及部件常使用白乳胶胶合。

树脂胶因性能稳定、耐水、耐油、耐腐蚀而适用于发动机架等受力部件，要严格按胶合说明进行，保证胶合质量，还可用于修复工作等。502胶水也叫瞬间接合剂，几秒内就发生作用，使用十分方便。502胶水适于间隙小处缝的连接、修补，使用时要注意不要沾在眼睛或手上。

3.1.5 塑料材料

塑料材料合成的高分子化合物，又可称为高分子或巨分子，如图3-13所示。Macromolecules，也是一般所俗称的塑料(plastics)或树脂(resin)，可以自由改变形体样式。它是一种利用单体原料以合成或缩合反应聚合而成的材料，由合成树脂及填料、增塑剂、稳定剂、润滑剂、色料等添加剂组成。

塑料可区分为热固性与热塑性两类，前者无法重新塑造使用，后者可以重复使用。

1. 塑料的优点

(1) 大部分塑料的抗腐蚀能力强，不与酸、碱反应。

(2) 塑料制造成本低。

(3) 耐用、防水、质轻。

(4) 容易被塑制成不同形状。

(5) 是良好的绝缘体。

(6) 塑料可以用于制备燃料油和燃料气，这样可以降低原油消耗。

图3-13 塑料的原材料

(图片摘自：百度图片网.
http://image.baidu.com)

2. 塑料的缺点

(1) 回收利用废弃塑料时，分类十分困难，而且经济上不合算。

(2) 塑料容易燃烧，燃烧时产生有毒气体。

(3) 塑料是由石油炼制的产品制成的，石油资源是有限的。

(4) 塑料埋在地底下几百年，几千年甚至几万年也不会腐烂，很难降解。

(5) 塑料的耐热性能较差，易于老化。

【案例1】

塑料产品

塑料的成型加工是指由合成树脂制造厂制造的聚合物制成最终塑料制品的过程。加工方法(通常称为塑料的一次加工)包括压塑(模压成型)、挤塑(挤出成型)、注塑(注射成型)、吹塑(中空成型)、压延等。

现代工业设计以及生活产品中，有许多塑料成分。这些产品的外形美观、漂亮，结实耐用，如图3-14～图3-19所示。

分析：

图3-14～图3-18所示的模型主要用ABS塑料制作，造型准确，细节细腻。塑料表面易于着色，模型造型的塑造细节、颜色都十分逼真。

图3-14　MP5模型正面(ABS塑料)1

图3-15　MP5模型正面(ABS塑料)2

图3-16　三星手机模型(ABS塑料)1

图3-17　三星手机模型(ABS塑料)2

图3-19所示的模型是学生的作品，使用CNC快速成型，材料是ABS塑料。CNC的好处之一是可以把产品做成可以使用的样机。

图3-18　三星手表模型(ABS塑料)3

图3-19　装饰灯(ABS塑料)

（资料来源：百度图片网．http://image.baidu.com）

3.1.6 金属材料

金属是一种具有光泽、富有延展性、容易导电、导热等性质的物质，如图 3-20 所示的铜、图 3-21 所示的铁。金属的上述特质都跟金属晶体内含有自由电子有关。在自然界中，绝大多数金属以化合态存在，少数金属（如金、铂、金、铋）以游离态存在。金属矿物多数是氧化物及硫化物。其他存在形式有氯化物、硫酸盐、碳酸盐及硅酸盐。金属之间的链接是金属键，因此随意更换位置都可再重新建立链接，这也是金属伸展性良好的原因。

图3-20 铜

图3-21 铁

（图片摘自：百度图片网. http://image.baidu.com）

1．机械性能

机械性能是指金属材料在外力作用下所表现出来的特性。

(1) 强度：材料在外力（载荷）作用下，抵抗变形和断裂的能力。材料单位面积受载荷承应力。

(2) 屈服点：称屈服强度，指材料在拉伸过程中，材料所受应力达到某一临界值时，载荷不再增加变形，单位用牛顿 / 毫米 ^{2}(N/mm^2) 表示。

(3) 抗拉强度：也叫强度极限，指材料在拉断前承受最大应力值。单位用牛顿 ^{2}(N/mm^2) 表示。

(4) 延伸率：材料在拉伸断裂后，总伸长与原始标距长度的百分比。

(5) 断面收缩率：材料在拉伸断裂后、断面最大缩小面积与原断面积百分比。

(6) 硬度：指材料抵抗其他更硬物压力其表面的能力，常用硬度按其范围测定分布氏硬度 (HBS、HBW) 和洛氏硬度 (HKA、HKB、HRC)。

(7) 冲击韧性：材料抵抗冲击载荷的能力，单位为焦耳 / 厘米 ^{2}(J/cm^2)。

2．工艺性能

工艺性能指材料承受各种加工、处理的能力的性能。

(1) 铸造性能：指金属或合金是否适合铸造的一些工艺性能，主要包括流性能、充满铸模能力，收缩性、铸件凝固时体积收缩的能力等。

(2) 焊接性能：指金属材料通过加热或加热和加压焊接方法，把两个或两个以上金属材料焊接在一起，接口处能满足使用目的的特性。

(3) 顶锻性能：指金属材料能承受于顶锻而不破裂的性能。

(4) 冷弯性能：指金材料在常温下能承受弯曲而不破裂的性能。弯曲程度一般用弯曲角度 α (外角) 或弯心直径 d 对材料厚度 a 的比值表示，a 越大或 d/a 越小，则材料的冷弯性越好。

(5) 冲压性能：金属材料承受冲压变形加工而不破裂的能力。在常温进行冲压叫冷却压。

(6) 锻造性能：金属材料在锻压加工中能承受塑性变形而不破裂的能力。

3．金属的优点

(1) 导电、导热。

(2) 强度高、硬度高、耐磨性好，可用于制作外壳。

(3) 延展性好。

(4) 易于清洁，不易污损。

(5) 易于跟其他材料搭配使用。

4．金属的缺点

(1) 密度大，比较笨重。

(2) 易于生锈和破坏。

(3) 绝缘性差。

(4) 缺乏色彩，感觉比较冷水。

(5) 加工成本高，需要特定的设备加工。

3.1.7 其他材料

1．黏接材料

黏接剂 (如图 3-22 所示的胶水、图 3-23 所示的白乳胶) 是指通过黏接作用把两件物体 (相同或不相同材质) 连接在一起，并具有一定的强度的物质。

产品模型成型材料的多样性决定了所使用的黏剂的不同，制作产品模型需要的黏接剂以市场常见为主，如表 3-1 所示。

图3-22 胶水　　图3-23 白乳胶

(图片摘自：百度图片网.
http://image.baidu.com)

表3-1　制作产品模型需要的黏接剂

序　号	金　属	塑　料	木　材
1	环氧黏接剂	α 氰基丙烯酸酯	白乳胶
2	聚氨酯黏接剂	UV 光固化胶	豆胶
3	橡胶黏接剂	热熔胶	血胶
4	丙烯酸酯黏接剂	溶剂胶	氨基树脂胶
5	杂环高分子黏接剂	环氧胶	酚醛树脂胶

2．黏接剂的选择原则

(1) 黏接剂必须能与被黏材料的种类和性质相容。

(2) 黏接剂的一般性能应能满足黏接接头使用性能 (力学性能和物理性能) 的要求。同一种胶所得到的接头性能因黏接技术参数选取不同而有较大的差异。因此，在黏接剂选定后，还要遵守生产厂家提出的黏接技术规范，只有这样，才能获得优质的黏接接头。

(3) 考虑黏接过程的可行性、经济性以及性能与费用的平衡。

3．腻子材料

在模型制作后期或着色之前，常常使用腻子来填补不平整的表面以提高产品模型的外观光滑。腻子的刮涂以薄刮为主，每刮涂一遍等待晾干后，用不同目数的砂纸进行打磨。反复几次，直到符合喷涂工艺要求后为止。

1) 腻子类型

模型制作常用的腻子分为两种：即过氧乙烯腻子和苯乙烯腻子。

(1) 过氧乙烯腻子 (俗称塑料腻子)。过氧乙烯腻子是由各色过氧乙烯涂料和体质颜料加固化剂配制而成。由于过氧乙烯涂料是挥发性涂料，故腻子干燥时间短，大约 15 分钟。但是刮涂性比油性腻子差，只能在短时间内刮涂而且不能多次反复，需刮涂一遍待干之后再刮涂。由于这种腻子附着力和防潮性能较好，适用于金属或木质模型的表面刮涂。

(2) 苯乙烯腻子 (俗称原子灰)。如图 3-24 所示，原子灰具有灰质细腻、易刮涂、易填平、易打磨、干燥速度快、附着力强、硬度高、不易划伤、柔韧性好、耐热、不易开裂起泡、施工周期短等优点。在各行业，原子灰现在几乎取代了其他腻子。

图3-24　原子灰

(图片摘自：百度图片网. http://image.baidu.com)

知识拓展

根据不同行业不同性能要求，原子灰可分为汽车修补原子灰、制造厂专用原子类、家具原子灰、钣金原子灰(合金原子灰)、耐高温原子灰、导静电子原子灰、红灰(填眼灰)、细刮原子类、焊缝原子灰等，可根据自己的要求选定最适合的原子灰产品。在油漆化工店、调漆店、油漆化工经销商、原子灰厂家等可购买得到适合的原子灰产品。

2) 腻子的使用方法

(1) 被涂刮的表面必须清除油污、锈蚀、早漆膜、水分，需确认其干透并经过打磨。

(2) 将主灰和固化剂按 100(1.5 ～ 3)(重量计) 调配均匀 (色泽一致)，并在凝胶时间内用完 (一般原子灰的凝胶时间从 5 分钟到 15 分钟不等)。气温越低固化剂用量越多，但一般不应于大 100：3。

知识链接

市场上的原子灰分有夏季型及冬季型，根据季节气温的不同使用不同类型的原子类。

(3) 用刮刀将调好的原子灰涂刮在打磨后的双组分底漆或以前处理好的板材表面上，如需厚层涂刮，最好分多次薄刮至所需厚度。涂刮时若有气泡渗入，必须用刮刀彻底刮平，以确保有良好的附着力。一般刮灰后 0.5 ～ 1 小时为最佳干磨时间。

(4) 打磨好后除掉表面灰尘，即可喷涂中涂漆、面漆、罩光清漆等后继操作。如对部分要求高，在原子灰打磨后，还需刮涂细刮原子灰 (红灰、填眼灰) 以填平细小缺陷，再喷涂显示层并打磨来检查细小缺陷，然后再作后续喷涂。

4. 喷涂材料

喷涂材料包括喷漆 (如图 3-25 所示) 和涂料。涂料是一种以高分子有机材料为主的防护装饰性材料，能涂敷在物品的表面，并能在被喷涂物的表面上结成完整而坚硬的保护涂层。

在产品模型制作中，涂料是产品外观的重要表现材料，它既能保护模型的表面质量，又能增强模型外观的视觉效果。由纸、油泥、石膏等材料制作的研究模型不需要喷涂外，木材、金属、塑料材料制作的模型均需要喷涂。常用涂料有醇酸树脂涂料和硝基涂料。

(1) 醇酸树脂涂料，以醇酸树脂为主要物质的材料。主要特点是能在温室条件下自干成膜，涂膜具有良好的弹性和耐冲击性，喷涂表面丰满光亮、平整、耐久性好，具有较高的粘附性、柔韧性和机械强度，价格比较硝基便宜。

(2) 硝基涂料 (如图 3-26 所示)，以硝化纤维素为主要原料，加入合成树脂、增塑剂及溶剂制作而成，易于挥发，俗称喷漆。

图3-25　喷漆

(图片摘自：百度图片网．http://image.baidu.com)

图3-26　硝基涂料

(图片摘自：百度图片网．http://image.baidu.com)

5．打磨材料

砂纸，俗称砂皮，如图 3-27 所示。砂纸是一种供打磨用的材料。原纸全部用未漂硫酸盐浆抄成，纸质强韧，耐磨耐折，并有良好的耐水性。它是将玻璃砂等研磨物质用树胶等胶粘剂粘着于原纸，经干燥而成，用以打磨金属、木材等表面，以使其光洁平滑。

根据不同的研磨物质，砂纸分为金刚砂纸、人造金刚砂纸、玻璃砂纸等多种。干磨砂纸（木砂纸）用于磨光木、竹器表面。耐水砂纸（水砂纸）用于在水中或油中磨光金属或非金属工件表面。

图3-27　砂纸

（图片摘自：百度图片网．
http://image.baidu.com)

知识链接

砂纸按用途分类如下。

(1) 海绵砂纸：适合打磨圆滑部分，各种材料均可。

(2) 干磨砂纸：适合粗加工或者打磨一些比较粗糙的东西，比如铁管金属等。

(3) 水磨砂纸：质感比较细、水磨砂纸适合打磨一些纹理较细腻的东西，而且适合后加工。

常用砂纸型号有常用的400#、600#、1000#、1200#、1500#、2000#。

3.2　模型制作工具

"工欲善其事，必先利其器"。模型制作中，合理使用工具是一个设计师思考设计的关键。了解各种模型制作材料的材质、特性后，才能合理地选择制作工具。制作模型主要的工具分为手动工具和电动工具两种。

3.2.1　手动工具

1．量具

模型有一个很重要的原则就是比例尺度。它决定了一个模型精确程度。用来测量比例和尺度的工具称为量具。量具用于模型制作整个过程，是制作模型最常用的工具。用什么量具，如何选择合适的量具，对于初学者来说十分重要。

常见的量具有：直尺、蛇尺、卷尺、直角尺、比例尺、游标卡尺、高度游标卡尺、万能角度尺、水平尺等。

1) 直尺

直尺用来测量长度，画线用塑料尺、钢尺，如图 3-28、图 3-29 所示。尺的刻度多为单一的公制刻度，有些尺子背面附有公尺、英尺长度换算表。尺的材料一般是木材、不锈钢、塑料等。常用的规格有 150mm、200mm、500mm、1000mm、1200mm、1500mm、2000mm。

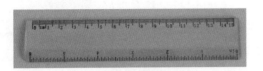

图3-28　塑料尺 　　　　　　　　 图3-29　钢尺

（图片摘自：百度图片网．http://image.baidu.com）

2）蛇尺

蛇尺，又称蛇形尺、自由曲线尺，绘图工具之一，如图 3-30 所示。它是一种在可塑性很强的材料（一般为软橡胶）中间加进柔性金属芯条制成的软体尺，双面尺身，有点像加厚的皮尺、软尺，可自由摆成各种弧状，并能固定住。

图3-30　蛇尺

（图片摘自：百度图片网．http://image.baidu.com）

蛇尺因柔软如蛇而得名，可曲度相当高，一般用于绘制非圆自由曲线。当画曲线时，先定出其上足够数量的点，将蛇尺扭曲，令它串联不同位置的点，紧按后便可用笔沿蛇尺圆滑地画出曲线。除蛇尺外，绘制此类曲线时还可以采用曲线板。另外蛇尺在曲线边缘标有刻度，也可以用于测量弧线长度，但由于其精度不高，并且分布不均匀，会有一定的误差。

知识拓展

蛇尺的规格有30cm(12″)、40cm(16″)、50cm(20″)、60cm(24″)、70cm(30″)、90cm(36″)。

图3-31　卷尺

（图片摘自：百度图片网．
http://image.baidu.com）

3）卷尺

卷尺的尺寸分公制和英制两种，如图 3-31 所示。卷尺一般用于较大模型的量度，与直尺不同的是卷尺可以测量曲面尺寸，携带方便。卷尺的材料主要是金属、皮和布。常用的规格有 1m、2m、5m 等。

4）直角尺

直角俗称为弯尺，有大有小，如图 3-32 所示，是木加工画线和检验工件垂直和直角的工具。常用的有以下两种。

(1) 木工直角尺。由两条互为90°的直角边和45°角的斜边组成，是木模型画线的主要工具，分木制和金属两种。

(2) 组合角尺，如图3-33所示，由不锈钢材质的长工作边和铸铝材料的尺座两部分组成，边工作边可以前后移动调节尺寸，常用于塑料板料下料使用。

图3-32　直角尺

（图片摘自：百度图片网．http://image.baidu.com）

图3-33　组合角尺

（图片摘自：百度图片网．
http://image.baidu.com）

5) 游标卡尺

游标卡尺是一种精密度较高的量具（如图3-34所示），主要用于测量金属或塑料零件的内径、外径和孔深度等尺寸数据。游标卡尺的主要结构是由主尺和副尺组成，主尺和固定量爪制成一体，移动副尺可以调节量爪的间距。

6) 高度游标卡尺

高度游标卡尺主要是用于平台上测量模型工件的高度和画线，如图3-35所示，主尺和基座固定在一起，副尺和画线量爪组合在一起，副尺和微调装置可以沿主尺上下移动。

图3-34　游标卡尺　　　　图3-35　高度游标卡尺

（图片摘自：百度图片网．　　（图片摘自：百度图片网．
http://image.baidu.com）　　　http://image.baidu.com）

7) 水平尺

水平尺是由金属主体和水准器组成，如图3-36所示。水准器由密封玻璃管组成，内装有酒精或乙醚，并留有一个小气包，外表面有等分刻度。使用时，将水平尺放在模型工作台的平面上，如果表面为水平状态，则水准器的气泡应该静止在刻度线中间位置。

图3-36　水平尺

（图片摘自：百度图片网．http://image.baidu.com）

2. 画线工具

根据图纸或事物的尺寸，在准备加工的模型的表面画出加界线的工具称为画线工具。常见的有画线针、画规、画线平台等。在画线的过程中需要和其他的工具配套使用。

1) 画线针

画线针由钢材做成，一般是白钢、弹簧钢，如图 3-37 所示。在细小的一端焊接上硬质的合金为针头。然后将针头端磨成 15°～20° 的尖角。由于针头比较坚硬和锋利，所以在一般的材料上画线是没有问题的。

2) 画规

画规主要分为画线规和切割规两种。画线规的一端是碳笔，切割规的一端是刀片。画规主要用于画圆、画弧、测量两点的尺寸、找圆心和切割圆等。常用的画规，如图 3-38 所示，有普通画规、弹簧画规、地规。

图3-37　画线针

（图片摘自：百度图片网．http://image.baidu.com）

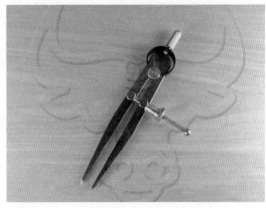

图3-38　画规

（图片摘自：百度图片网．http://image.baidu.com）

3) 画线平台

画线平台也称为画线平板，用铸铁制成，如图 3-39 所示。工作台面是经过机械加工和实效处理，最后经过打磨而成。工作台面比较光滑平整。平台需要水平放置，以保证工作的准确性，一般模型室都采用 1000mm×1500mm 规格的画线平台。

图3-39　画线平台

（图片摘自：百度图片网．http://image.baidu.com）

3．锉削工具

用锉刀在模型的工件上进行加工处理，使其达到使用要求的形状、大小，以及表面处理的加工方法叫锉削。常见的锉削工具有钢锉、特种锉、整形锉。

(1) 图 3-40 所示的钢锉是由高碳工具钢制成，并经过高温处理，其大致可以分为普通锉、特种锉和整形锉三类。常用的锉的规格有 100mm、150mm、200mm、250mm 等。锉刀断面的形状有方形、平板、圆形、三角形、菱形、椭圆形等。

(2) 特种锉用来锉削零件的特殊表面，有直形和弯形两种。

(3) 整形锉适用于修整工件的细小部位，由许多各种断面形状的锉刀组成一套。

图3-40 钢锉刀

（图片摘自：百度图片网.
image.baidu.com）

4．切割工具

以金属刀口或锯齿切割模型材料的加工方法称为切割。用来进行切割加工的工具是切割工具。常用的切割工具有美工刀、勾刀、曲线锯、弓锯、木械锯、板锯、管子锯等。

(1) 美工刀也俗称刻刀，是做美工用的刀，如图 3-41 所示。由塑料或金属的刀柄和金属刀片组成，为抽拉式结构。刀片多为斜口，用钝后可顺片身的画线折断，出现新的刀锋，方便使用。刀片常有 80mm×9mm、100mm×17mm 两种类型，一般用于切割纸材、塑料板等。

(2) 勾刀一般用于切割较薄的塑料板和有机玻璃，也是美工刀的一种，如图 3-42 所示。使用方法：开始较轻地在板上画线，定好轨道后，逐步用力，不需要把板材完全割断，即可掰开。

图3-41 美工刀

（图片摘自：百度图片网.
http://image.baidu.com）

图3-42 勾刀

（图片摘自：百度图片网.
http://image.baidu.com）

(3) 钢锯。钢锯由锯弓和锯条组成，锯弓主要作用是张紧锯条，调节锯条松紧，如图 3-43 所示。主要材料有塑料和金属。锯条安装的正确方法是锯齿方向向前。常用的锯条的规格是：长 150mm、宽 6mm、厚 0.5mm。

(4) 木工锯。木工锯是加工木材工件最主要的工具之一，由锯框和锯条组成，如图 3-44 所示。锯框由锯梁、手柄、松紧钢绳等组成，锯条的锯齿左右错开，两者之间的宽度要大于锯知的厚度。锯割时可以两个人合作使用，锯割木材极为省力。

(5) 管子割刀。管子割刀是一般用来剪割 ABS、PVC、PP-R 等塑管子的剪切工具，如图 3-45 所示。刀身材质一般采用铝合金、铁等。刀片采用高温淬火制造，如 65MN 不锈铁等，硬度在 48 ～ 58 度之间，能较省力地剪割管子。

图3-43　钢锯

（图片摘自：百度图片网.
http://image.baidu.com）

图3-44　木工锯

（图片摘自：百度图片网.
http://image.baidu.com）

图3-45　管子割刀

（图片摘自：百度图片网.
http://image.baidu.com）

5．钻孔工具

加工材料或工件上的小孔的工具称为钻孔工具。常见的钻孔工具有手摇钻、木钻、锥子等。

1) 手摇钻

手摇钻的钻身由铸铁制成，可分为手持式和胸压式两种，如图 3-46、图 3-47 所示。装夹圆柱柄钻头后，在金属或其他材料上手摇钻孔。最大钻孔直径，手持式为 6cm、9cm；胸压式为 9cm、12cm。

2) 木钻

如图 3-48 所示，木钻与一般钻头不同的是，在钻头前端有一段螺纹，作用是便于对准孔位。操作方法：当钻头钻到一定的深度时，应该逆时针钻出钻头，清理钻头上的木屑后再进行操作。钻穿木材时，应取出钻头从背面钻孔。

图3-46　手持式手摇钻

（图片摘自：百度图片网.
http://image.baidu.com）

图3-47　胸压式手摇钻

（图片摘自：百度图片网.
http://image.baidu.com）

图3-48　木钻

（图片摘自：百度图片网.
http://image.baidu.com）

3) 锥子

尖锐的铁器，用来钻孔的工具，如图 3-49 所示。锥子主要分为两类：一是圆锥，是最常用的；二是类似圆锥但磨出了四条棱的。锥子主要用来钻孔，也可以用在金属上画线。

6．冲击工具

利用重力来加工工件的工具称为冲击工具。在使用冲击工具时要注意力度和节奏，特别注意选择合适的大小的冲击工具。常见的冲击工具有锤子等。

锤子是敲打物体使其移动或变形的工具，如图3-50、图3-51所示。由铸钢或铁做成锤头，木材、金属做成手柄。常用来敲钉子，矫正或是将物件敲开。

图3-49　锥子

（图片摘自：百度图片网．

http://image.baidu.com）

图3-50　铁锤

（图片摘自：百度图片网．

http://image.baidu.com）

图3-51　橡皮锤

（图片摘自：百度图片网．

http://image.baidu.com）

03

知识拓展

　　锤子的种类有：圆头锤、羊角锤、橡皮锤、木工锤等。

7．刨削工具

利用人力使金属刃口对金属或非金属材料进行刨削的工具称为刨削工具。使用刨削工具要集中注意力及控制力度，以免误伤手指。常见的刨削工具有斧头、刨子、凿子、木刻刀等。

1) 斧头

斧身由低碳钢锻造而成，斧刃由高碳钢制成，如图3-52所示，适用于木料的粗加工。

2) 刨子

刨削是切削加工的一种方式。通过刨子，可以把木材或其他非金属材料的表面刨削平滑或挖槽等。使用时可以调节刀刃的高度，双手用力要均匀，顺着材料的方

图3-52　斧头

（图片摘自：百度图片网．

http://image.baidu.com）

向进行推刨。常用的刨子有木刨、槽刨、铁刨等。

木刨分为平底刨和圆底刨，如图 3-53 所示，可以加工木材的表面，使木材变得光滑。木刨也分大小刨，尺寸有 100cm、40cm、30cm 等。

槽刨主要用来加工工件上的凹槽，通常根据槽的需要来选择刀刃的大小。

铁刨也叫作一字刨，如图 3-54 所示，它由低碳钢铸造而成，适合用来加工木材的曲面。

3) 凿子

凿子一般用于打眼，如图 3-55 所示。使用方法：左手握住凿把，右手持斧，在打眼时凿子需两边晃动，目的是为了不夹凿身，另外需要把木屑从孔中剔出来。半榫眼在正面开凿，而透眼需要从材料背面凿一部分。

图3-53　木刨

（图片摘自：百度图片网.
http://image.baidu.com）

图3-54　铁刨

（图片摘自：百度图片网.
http://image.baidu.com）

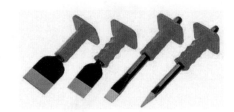

图3-55　凿子

（图片摘自：百度图片网.
http://image.baidu.com）

4) 木刻刀

木刻刀是美工刀的一种，如图 3-56 所示。适用于木质模型的雕刻和细致雕刻。木刻刀有各种形状和规格，用途广泛。

图3-56　木刻刀

（图片摘自：百度图片网.
http://image.baidu.com）

8．固定工具

能固定材料和工件进行加工的工具称为固定工具，常见的固定工具有台钳、平口钳、C 型钳等。

1) 台钳

台钳也叫台虎钳，如图 3-57 所示，由固定钳身和活动钳身组成，能较紧地夹住方形成或圆形的工件和材料。台钳必须固定在台面上夹住工件和材料进行加工。台钳的规格有 60mm、100mm、150mm、200mm 等。

2) 平口钳

平口钳是一种装卡工具，如图 3-58 所示，不用固定在台面上，可以随意移动使用。钳口光滑平整，一般用来加工较精密的工件，也常用于折断塑料板条。

3) C 形钳

C 形钳因钳身呈 "C" 形而得名，如图 3-59 所示。C 形钳是由铁板冲压或铸铁制成，用于固定和夹紧材料，一般用于两块材料粘接没干之前固定之用。

图3-57 台钳

（图片摘自：百度图片网.
http://image.baidu.com）

图3-58 平口钳

（图片摘自：百度图片网.
http://image.baidu.com）

图3-59 C形钳

（图片摘自：百度图片网.
image.baidu.com）

9．装配工具

用于紧固或松卸螺栓的工具称为装配工具。在制作模型过程中，特别是电子产品的装配需要注意装配的顺序及技巧，以免对工件造成损坏。常用的装配工具有活动扳手、开口扳手、内六角扳手、梅花扳手等。

1) 活动扳手

活动扳手是可以随意调节扳唇大小的扳手，主要原理是：一块扳唇是固定的，另一块扳唇是活动的，通过旋转涡轮调节扳口的大小。活动扳手如图3-60所示，常见的规格有150mm、200mm、250mm、300mm等。

2) 开口扳手

开口扳手，如图3-61所示。常用于外露的螺栓松紧工作，可以直接把扳手套在螺栓上。适用于较窄的空间进行小范围转动。开口扳手有多种不同的尺寸可以选择。

3) 内六角扳手

内六角扳手通过扭转矩施加对螺钉的作用力，大大降低了使用者的用力强度。在现代家具安装工具中，内六角扳手虽然不是最常用的，但却是最好用的，如图3-62所示。

图3-60 活动扳手

（图片摘自：百度图片网.
http://image.baidu.com）

图3-61 开口扳手

（图片摘自：百度图片网.
http://image.baidu.com）

图3-62 内六角扳手

（图片摘自：百度图片网.
http://image.baidu.com）

4) 梅花扳手

梅花扳手也称为星形扳手，如图3-63所示。两端具有带六角孔或十二角孔的工作端，适用于工作空间狭小，不能使用稍大扳手的场合。

图3-63　梅花扳手

（图片摘自：百度图片网．http://image.baidu.com）

10．低压电器工具

在制作模型时，特别是涉及电路的模型，需要用到电器元件。连接这些元件的工具称为低压电器工具。因为涉及电器，所以在操作时，务必注意安全和操作的规范性。

常见的低压电器工具有验电笔、钢丝钳、剥线钳、螺钉旋具、电烙铁等。

1) 验电笔

验电笔，如图3-64所示，一般用来判断电路中的火线和零线，并且检验电路是否通过或漏电。检验之前，先在正常的电源上检验验电笔是否正常。验电笔只能对250V以下的电压进行测试。

2) 钢丝钳

钢丝钳，如图3-65所示，主要用来弯曲金属、剪切金属之用，把手有绝缘的胶套。

3) 剥线钳

剥线钳，如图3-66所示，主要用于剥掉电线外皮的工具。使用方法：用钳头凹位夹住电缆线，用装有刀片的一侧进行环割，然后推出被剪掉的外皮即可。钳口上有不同规格的圆孔0.6mm、1.2mm、1.7mm、2.2mm等。

图3-64　验电笔

（图片摘自：百度图片网．
http://image.baidu.com）

图3-65　钢丝钳

（图片摘自：百度图片网．
http://image.baidu.com）

图3-66　剥线钳

（图片摘自：百度图片网．
http://image.baidu.com）

4) 螺钉旋具

螺钉旋具按照刀头可分为一字型和十字型，如图3-67所示，是制作模型常用的工具。

5) 电烙铁

电烙铁如图3-68所示，电烙铁的原理是通过电热芯加热烙铁头来溶解锡而达到焊接的作用。由于该工具是高温受热的，很容易不小心烫伤，所以用完后应该及时拔掉电源。

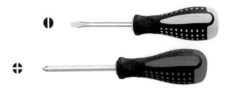

图3-67　螺钉旋具

（图片摘自：百度图片网．

http://image.baidu.com)

图3-68　电烙铁

（图片摘自：百度图片网．

http://image.baidu.com)

11．其他工具

1) 泥塑刀

在制作泥塑或油泥模型时，需要用到泥塑刀，如图 3-69 所示。泥塑刀没有统一的标准。有很多工具是根据需要自己制作的。泥塑刀的材料一般是木材或金属。

2) 转盘

转盘，如图 3-70 所示，是做泥塑的辅助工具。在制作模型时，能方便地转动转盘，从多个角度去观察对象，较合面地认识模型。

图3-69　泥塑刀

（图片摘自：百度图片网．

http://image.baidu.com)

图3-70 转盘

（图片摘自：百度图片网．

http://image.baidu.com)

3) 镊子

镊子，如图 3-71 所示，一般是由金属电镀或不锈钢制作而成，主要用来夹持一些手指不方便拿起的小件物品，特别在制作小件模型时，经常使用该工具。

图3-71　镊子

（图片摘自：百度图片网．http://image.baidu.com)

4) 喷枪

喷枪，如图 3-72 所示，主要用于模型表面处的喷涂，例如喷漆。在喷壶里装好需要喷涂的颜色，摇匀，然后进行喷涂。值得注意的是，当喷涂不同颜色时，需要预先把不同颜色的部位遮挡起来。

3.2.2 电动工具

1. 加热工具

可以产生热能并用于加工的工具称为加热工具。常见的有工业烤箱、吹风机、电炉等。

图3-72 喷枪

（图片摘自：百度图片网.
http://image.baidu.com）

1) 工业烤箱

工业烤箱，如图 3-73 所示，由角钢、薄钢板构成。另外，箱体加强，外表面复漆，外壳与内胆之间用硅酸铝纤维充填，形成可靠的保温层。工业烤箱应用的范围很广泛，可干燥各种工业物料、烤软油泥等，是通用的干燥设备，适用于材料整体加热。

2) 吹风机

吹风机，如图 3-74 所示，是由一组电热丝和一个小风扇组成。通电后，电热丝会产生热量，风扇吹出的风经过电热丝，就变成热风，适用于油泥或塑料工件局部加热。

3) 电炉

电炉，如图 3-75 所示，由炉座、炉盘、电热丝组成，常用功率为 1000W ～ 2000W，适用于小部件热塑性塑料的加工。

图3-73 工业烤箱

（图片摘自：百度图片网.
http://image.baidu.com）

图3-74 吹风机

（图片摘自：百度图片网.
http://image.baidu.com）

图3-75 电炉

（图片摘自：百度图片网.
http://image.baidu.com）

2. 切割工具

切割工具主要用来切割大块材料。常见的切割工具有手电锯（如图 3-76 所示）、手电圆锯（如图 3-77 所示）、手提曲线锯（如图 3-78 所示）。

图3-76 手电锯

（图片摘自：百度图片网.
http://image.baidu.com）

图3-77 手电圆锯

（图片摘自：百度图片网.
http://image.baidu.com）

图3-78 手提曲线锯

（图片摘自：百度图片网.
http://image.baidu.com）

3．打磨工具

在模型制作中，电动打磨工具能快速打磨、修正模型外形。常用的工具有小电磨机（如图 3-79 所示）、手提砂轮机（如图 3-80 所示）。

图3-79 小电磨机

（图片摘自：百度图片网. http://image.baidu.com）

图3-80 手提砂轮机

（图片摘自：百度图片网. http://image.baidu.com）

3.3 综合案例：杜卡迪摩托车模型

虽然人工形态是人类有意识的创造活动，但人类在创造人工形态之前会根据自然形态进行设计和创造。本案例是杜卡迪摩托车的设计案例，它将动物的造型和车体的设计相结合比较，突出了产品的特征。除此之外，用"画重点"的形式突出了产品的特征，提炼了产品的线条和形态。这款杜卡迪摩托车设计案例就是根据自然界中豹的形态进行设计，并且设计师前期对现有车型的线型和动态分析得很好。而设计草图手绘的本质就是对形态的分析和扩展。而用塑料所制成的摩托车模型，配合着不同的色彩，以流动的线条展示出设计者的设计构思与理念。

分析：

图3-81～图3-85所示为设计者使用塑料材质制作摩托车模型，并使用喷枪为模型染色，不同的色彩区域、光滑的模型表面，使摩托车显得高档，流畅的曲线样式，体现了车身的灵动感。

图3-81所示为该款车型的局部特征表现图，将该款车型局部特征用红线圈注，将车型的特点展现得更加清晰。如图3-82所示，使用红线、蓝线和黄色荧光区域将车型的流线型特征突出，突出了车型的特点。如图3-83所示，将自然界中的豹与该款车型相对比，将车型的动态特征分析得非常到位，并且突出了产品的设计来源。图3-84、图3-85所示均为产品的表现图，细致地表现了产品的特征，便于消费者理解。

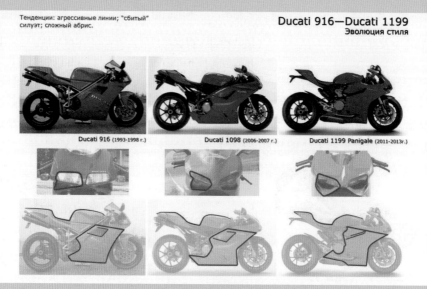

图3-81　摩托车设计1

图3-82　摩托车设计2

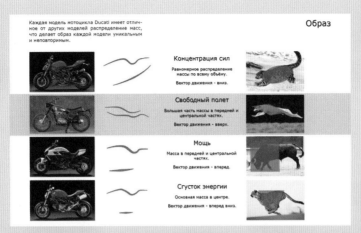

图3-83　摩托车设计3

图3-84　摩托车设计4

图3-85　摩托车设计5

（资料来源：中国设计手绘技能网．http://www.designsketchskill.com）

 本章小结

　　材料是构成产品的三要素之一。人类通过对材料的不断发现、利用，创造了各种各样的产品。随着科技的进步，人们的生活方式发生了很大的变化。因此，对材料的了解和对工艺技术的掌握是做好产品模型的关键。本章主要讲解模型制作中材料的基本知识、模型材料的特性、工具的使用方法、安全规范，以及根据实际需要合理地选择模型材料及工具。

 教学检测

一、填空题

　　1．纸模型一般会选择120g～180g左右的_____、_____、_____、_____等来进行制作。

　　2．机械纸是指_____。

　　3．_____是由石膏粉和适量的水调和的产物。

　　4．合成塑料材料的高分子化合物，又可称为_____或_____。

　　5．用来测量比例和尺度的工具称为_____。

二、选择题

　　1．_____17g正度规格，用于增值税票、礼品内包装等，一般是纯白色的。
　　A．拷贝纸　　　　　　B．有光纸　　　　　　C．打字纸　　　　　　D．书写纸

　　2．_____28g正度规格，用于联单、表格，有钱种颜色，即白、红、黄、蓝绿、淡绿、紫。
　　A．拷贝纸　　　　　　B．有光纸　　　　　　C．打字纸　　　　　　D．书写纸

　　3．_____35g～40g正度规格，用于表格、便签等低档印刷品。
　　A．拷贝纸　　　　　　B．有光纸　　　　　　C．打字纸　　　　　　D．书写纸

　　4．_____50g～100g大度、正度均有，用于低档印刷品，以国产纸居多。
　　A．拷贝纸　　　　　　B．有光纸　　　　　　C．打字纸　　　　　　D．书写纸

　　5．_____60g～180g大度、正度均有，用于中档印刷品，以国产纸、合资及进口为主。
　　A．拷贝纸　　　　　　B．有光纸　　　　　　C．打字纸　　　　　　D．双胶纸

三、问答题

　　1．制作产品模型时需要哪些材料？

　　2．制作产品模型时常用的制作工具有哪些？

03

第
4
章

产品模型的制作方法

学习目标

- 掌握石膏模型的制作。
- 掌握黏土模型的制作。
- 掌握油泥模型的制作。
- 掌握塑料模型的制作。
- 掌握木模型的制作。
- 学习模型表面的处理。

技能要点

石膏浆的调制　　黏土材料　　下料

案例导入

咖啡机的产品设计表现

每一个产品模型制作都要从基础做起，先绘制草图，根据草图再制作实体模型。在制作实体模型时，要选择不同的模型材料，如石膏、黏土、塑料、木材等。同时还要运用各种模型制作工具，如胶水、锯、电炉等。

将不同类型的线条组织在同一种产品的设计中，以一种线条为主体，局部用不同风格的线条作为对比和烘托，既能够产生主次有别的效果，又能打破单调。图4-1所示是KRUPS品牌的保温咖啡壶，不仅能够在家中品尝到传统咖啡的美味，而且贴心的控温设计还能够使消费者体验到咖啡机保温控温的效果。KRUPS 咖啡机的四个水过滤器能够保证冲泡咖啡的水的纯度，能够永久性使用的纸过滤器能使泡制出来的咖啡更加香醇。它拥有1100W的大输出功率使泡制过程更加快捷，而且KRUPS咖啡机强大的设置系统能够更有效地萃取咖啡的香味，并可以提前设置想要冲泡的时间，到时便会自动关闭咖啡机。

分析：

如图4-1所示，这款时尚的保温咖啡壶设计方案来自印度Pune的产品设计师Pascal Ruelle。其设计元素非常简洁明了，手绘方式简单直观。设计师用分解图形的方式手绘出咖啡机以及如何使用咖啡机。另外，设计师还使用彩绘的形式绘制出咖啡机的外形轮廓，用不同的角度展示出咖啡机的外观造型。从草图、绘画模型到实体模型，设计师以多角度、多方面展示出咖啡机的构造，从而令消费者更加了解产品的诞生过程，引发购买欲望。

图4-1 KRUPS保温咖啡壶设计方案

（资料来源：中国设计手绘技能网．http://www.designsketchskill.com)

04

4.1 石膏模型的制作

石膏是一种用途广泛的工业材料和建筑材料。它是单斜晶系矿物，主要化学成分是硫酸钙 $(CaSO_4)$。石膏可用于水泥缓凝剂、石膏建筑制品、模型制作、医用食品添加剂、硫酸生产、纸张填料、油漆填料等。

4.1.1 石膏的成型特征

石膏分为生石膏和熟石膏。天然二水石膏 $(CaSO_4 \cdot 2H_2O_4)$ 称为生石膏。经过煅烧、磨强可得 β 型半水石膏 $(CaSO_4 \cdot 1/2H_2O_4)$，即建筑石膏，又称熟石膏、灰泥。若煅烧温度为 190℃ 可得模型石膏，其细度和白度均比建筑石膏高。若将生石膏在 400～500℃ 或高于800℃ 下煅烧，即得地板石膏，其凝结、硬化较慢，但硬化后强度、耐磨性和耐水性均较普通建筑石膏较好。石膏模型适用于制作标准原型、交流展示等。

知识链接

制作石膏模型的设备与工具有三视图、尺寸图、杯、碗、瓢、盆、自制纸盒、旧报纸、隔板、搅拌器、手动锯、刻刀、小铲、耐水砂纸、脱模剂、油漆刷、钢尺、高度尺、电动手提曲线锯、电钻、毛刷等。

4.1.2　石膏模型的制作方法

(1) 石膏浆的调制。先在容器中按比例放入清水，然后将适量的石膏粉慢慢撒入水中。直至容器内的石膏粉比水面略高一些(水与石膏粉比例为 1.3 : 1)即可，如图 4-2 所示。

(2) 将石膏粉在水中泡 1 分钟，待石膏粉吸收水分后，用手或搅拌工具沿同一方向搅拌。为了防止空气进入石膏浆形成气泡，需将石膏浆搅拌至没有块状、团状，有一定的黏稠度为宜，等待凝固。

图4-2　往清水中撒石膏粉

(图片摘自：百度图片网.
http://image.baidu.com)

4.1.3　石膏模型的制作步骤

(1) 制作草图及三视图，如图 4-3、图 4-4 所示。

图4-3　草图

(图片摘自：百度图片网.
http://image.baidu.com)

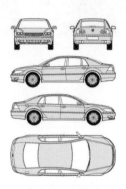

图4-4　三视图

(图片摘自：百度图片网.
http://image.baidu.com)

(2) 用如图 4-5 所示的硬纸板制作模型的雏形，这样方便浇注石膏浆，为以后切割模型的基本轮廓提供方便。

(3) 在雕刻前，首先在石膏坯上绘制产品轮廓线，然后进行切削成型，如图 4-6 所示。技巧是先整体后局部，先方后圆。

图4-5　硬纸板

(图片摘自：百度图片网.
http://image.baidu.com)

图4-6　切割石膏

(图片摘自：百度图片网.
http://image.baidu.com)

（4）切削产品大概外形，趁石膏没干透时进行加工。雕刻产品细节就要等到石膏干透后再进行加工，如图4-7所示。

（5）翻制成型。将模型翻制成石膏阴模，便于复制模型。

4.1.4　石膏模型翻制步骤

（1）制作石膏模型，一般注重细节的刻画，如图4-8～图4-12所示。

图4-7　雕刻细节

（图片摘自：百度图片网.
http://image.baidu.com）

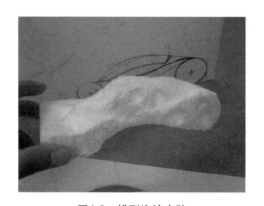

图4-8　模型泡沫内胎

（图片摘自：百度图片网.
http://image.baidu.com）

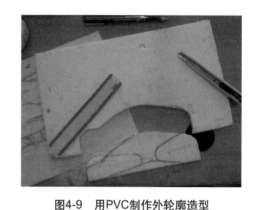

图4-9　用PVC制作外轮廓造型

（图片摘自：百度图片网.
http://image.baidu.com）

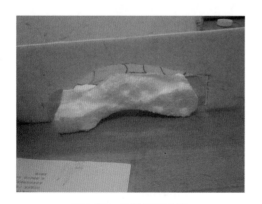

图4-10　外轮廓与内胎

（图片摘自：百度图片网.
http://image.baidu.com）

图4-11　往内胎上加黏土

（图片摘自：百度图片网.
http://image.baidu.com）

04

图4-12　雕刻细节

（图片摘自：百度图片网．http://image.baidu.com）

知识拓展

　　使用泡沫板加工成黏土内胎，内胎比图纸尺寸小2cm，方便在加上黏土后进行削剔。同时在KT板上制作模型前视图空洞，尺寸比图纸大2cm，用以规范黏土模型。

　　（2）涂脱模剂，如图 4-13 所示。常用的材料有：肥皂液、石蜡、虫胶漆、凡士林及树脂等，在产品表面涂 2 至 3 遍，然后在模型表面贴上纱布，如图 4-14 所示。

图4-13　在模型表面涂上脱模剂

（图片摘自：百度图片网．
http://image.baidu.com）

图4-14　贴上纱布

（图片摘自：百度图片网．
http://image.baidu.com）

　　（3）制作模框，如图 4-15 所示。根据产品大小，用板、泡沫等材料制作。
　　（4）浇注石膏浆，根据产品的大小进行调整，然后浇注石膏阴模。

图4-15　制作石膏阴模

（图片摘自：百度图片网．http://image.baidu.com）

(5) 脱模修型（如图 4-16、图 4-17 所示）。石膏浆冷却后，即可除去分模片，取出产品原模，对石膏进行修补和细节加工。

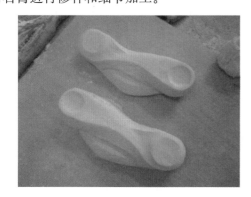

图4-16　脱模　　　　　　　　　　　　　　　图4-17　修补

（图片摘自：百度图片网．　　　　　　　　　（图片摘自：百度图片网．
http://image.baidu.com)　　　　　　　　　　http://image.baidu.com)

(6) 翻制石膏模型。在石膏阴模内臂涂上脱模剂，然后浇注石膏浆，等石膏浆凝固时即可取出模型，然后对模型进行打磨喷漆，如图 4-18 所示，这是试产前一次全面的检测。

图4-18　喷漆

（图片摘自：百度图片网．http://image.baidu.com）

【案例1】

电烫斗石膏模型

石膏模型的制作，过程不太烦琐，挺适合用来做设计产品的初步表达，但考虑到石膏的固化特性，不能用来做太大的模型。

在制作过程中，要对石膏的基本特性及使用有所了解，知道在哪一块儿该注意，比如：石膏浆不能和得太稀，太稀就要花大把的时间去等待其发干，这样就会费很多时间，并且不便于对石膏进行再处理。太稠也不行，干得快，还没倒完料，石膏浆就成干块了，干了后，模型就不容易脱出。所以，调制石膏浆很重要，得把握好用水的量。

图4-19　电烫斗模型1(石膏)

翻模与脱模的时候也很关键，动作要迅速，及时对模型进行修补和修饰，这样才能做出一件相当不错的石膏模型。

图4-19、图4-20所示为石膏模型，加上喷漆以后，模型显得漂亮，更具有实体感。

分析：

如图4-19、图4-20所示的模型由石膏制作，从模型的造型上看基本可以看出是一体的，符合石膏的特性。由一块石膏雕刻出来的模型，制作方便、成本低，但是易损坏、不易修复，适合设计概念阶段使用。

图4-20　电烫斗模型2(石膏)

（资料来源：百度图片网．http://image.baidu.com)

4.2　黏土模型制作

黏土是一种重要的矿物原料。它的颗粒细小，常在胶体尺寸范围内，呈晶体或非晶体。大多数是片状，少数为管状，棒状。黏土和油泥的特性比较相近，可以任意在模型上面进行增减，对产品进行细部刻画，所以设计师多用它来做较为精细的模型。

4.2.1　黏土的成型特性

黏土用水湿润后具有可塑性，在较小的压力下可以变形并能长久保持原状，而且比表面积大，颗粒上带有负电性，因此有很好的物理吸附性和表面化学活性，具有与其他阳离子交换的能力。

黏土特别适合制作形态模型。由于黏土自身的特性，如果黏土中的水分失去过多，则容易使黏土模型出现收缩、龟裂、断裂等现象，不利于保存。所以，不适合在黏土模型表面进行喷涂等效果的处理。

知识链接

制作黏土模型的设备与工具有：三视图、尺寸图、喷水壳、拌泥机、拉胚机、转盘、木槌、小刀、木板、画线规、泥塑刀、刮泥刀、铁线、木条、ABS树脂、轮廓模板、切割工具、锉削工具等。

4.2.2　黏土模型的制作方法与步骤

1．黏土材料的准备

(1) 选料。制作黏土，如图4-21所示，模型尽量选用黏性比较强，且含沙较少的泥土，然后晾干。

(2) 粉碎。将晾干的黏土原料破碎成颗粒，用目数较高的筛网过滤黏土。

(3) 浸泡。将清水注入容器，把筛选出来的黏土颗粒均匀地撒入清水中直至与水面齐平为宜。务必等清水与黏土完全浸透后，再按同一个方向进行搅拌，形成泥浆，

(4) 沥浆。将搅拌好的泥浆倒在事先准备好的石膏板上，通过干燥的石膏板将泥浆的水分吸走。待黏土不太黏手时，慢慢将其卷起。

(5) 炼熟。将卷起的黏土放入炼泥机反复挤出，或者人工炼泥，即用手揉搓或摔打，直至黏土干湿适中不黏手，具有一定柔韧性即可。

(6) 保存。将炼熟的黏土分块，用塑料袋包裹黏土，防止黏土水分蒸发，如图4-22所示。

图4-21　黏土原料

（图片摘自：百度图片网.

http://image.baidu.com)

图4-22　用塑料袋包裹黏土

（图片摘自：百度图片网.

http://image.baidu.com)

2．黏土模型的制作步骤

(1) 绘制模型草图及三视图。

(2) 粗模的搭建。

这一步基本都是手工加工，在加工前首先对整个模型进行综合考虑，先整体后局部。把模型分为几块几何体，然后逐步加工细节。

(3) 绘制基准线。

搭建好内部架构，铺上黏土、形成大概造型，然后在黏土坯上画基准线进行刻画。

(4) 深入塑造。

以粗型的线、面为基本准则，进行模型局部的深入加工。这个阶段需要更多地考虑模型的结构关系、面与线的关系，以及各部分间的比例关系等，逐步使设计特点清晰化，明确各部分之间的关系，如图 4-23 所示。

(5) 整体调整。

对深入加工后的模型进行整体的调整。像画素描一样，注意线与面之间的关系，尽可能使其合理化。从不同的角度去推敲设计与模型之间的关系，使模型美观性与工艺性完美结合，如图 4-24 所示。

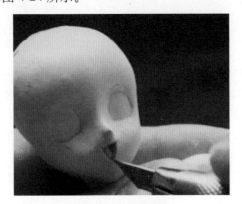

图4-23　刻画细节

（图片摘自：百度图片网．

http://image.baidu.com)

图4-24　整体调整

（图片摘自：百度图片网．

http://image.baidu.com)

4.3　油泥模型的制作

常温状态下油泥具有一定的硬度与强度。专用油泥材料的价格很高，其制作成本的投入比较大。油泥材料适于制作标准原型、交流展示模型和功能试验模型等。

4.3.1　油泥的成型特性

做模型实际上是一个雕塑的过程。油泥与一般的橡皮泥类似，但要求更高。油泥材料主要成分有滑石粉 (62%)、凡士林 (30%)、工业用蜡 (8%)。按照实际尺寸制作的油泥模型，可以配上真实的颜色，以观察产品造型的效果。

油泥材料的可塑造性极强，具有良好的加工性，可以制作出极其精细的形态。油泥不受水分的影响，不易干裂变形。它非常突出的特性是遇热变软，软化温度在 60°以上，随温度降低材料又逐渐变硬。这种特性使得在加工过程中随时需要有一个可控温度的热源，特别是在初期的基本形态塑造阶段，需要材料保持一定的软化温度才能进行正常操作。

知识链接

　　制作油泥模型的设备与工具有：三视图、尺寸图、工业烤箱、金属刮刀、橡皮刮刀、自制刮刀、画线平台、高度尺、贴膜工具、喷水壳、木材、铁丝、刻刀、截面轮廓模板、胶带等。

4.3.2　油泥模型的制作方法与步骤

　　(1) 准备好模型制作图纸。三视图及结构细节图，如图4-25所示。

　　(2) 根据图纸制作模型骨架，如图4-26所示。

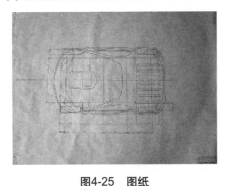

图4-25　图纸

（图片摘自：百度图片网．

http://image.baidu.com）

图4-26　制作模型骨架

（图片摘自：百度图片网．

http://image.baidu.com）

　　(3) 思考如何搭建骨架的结构，对骨架进行整体调整，如图4-27～图4-29所示。

　　(4) 在完成骨架上填充泡沫（如图4-30～图4-34所示），对泡沫进行雕刻、打磨，然后敷上烤软的油泥（如图4-30～图4-36所示）。

图4-27　骨架

（图片摘自：百度图片网．

http://image.baidu.com）

图4-28　调整骨架

（图片摘自：百度图片网．

http://image.baidu.com）

图4-29　整体调整骨架

（图片摘自：百度图片网.

http://image.baidu.com)

图4-30　在骨架上填充泡沫

（图片摘自：百度图片网.

http://image.baidu.com)

图4-31　泡沫填充造型

（图片摘自：百度图片网.

http://image.baidu.com)

图4-32　雕刻、打磨细节

（图片摘自：百度图片网.

http://image.baidu.com)

图4-33　整体造型

（图片摘自：百度图片网.

http://image.baidu.com)

图4-34　上油泥之前的轮廓

（图片摘自：百度图片网.

http://image.baidu.com)

图4-35 用烤箱将油泥烤软

（图片摘自：百度图片网.
http://image.baidu.com）

图4-36 将油泥敷在模型内胎上

（图片摘自：百度图片网.
http://image.baidu.com）

(5) 利用泥塑刀进行修整表面，使表面平整、符合预期造型。这一步需要注意逐渐调整大体造型，如图 4-37 所示。

(6) 根据图纸尺寸，在油泥模型上画基准线。模型制作将依据此基准进行加工，如图 4-38 所示。

图4-37 修整模型表面

（图片摘自：百度图片网.
http://image.baidu.com）

图4-38 画基准线，按基准线加工

（图片摘自：百度图片网.
http://image.baidu.com）

(7) 根据图纸制作不同的单元件，并制作模型，如图 4-39 所示。

图4-39 涂刮模板

（图片摘自：百度图片网. http://image.baidu.com）

(8) 用这些制作的模板修型，如图 4-40 所示，以保证模型的轮廓及各部分的标准。

(9) 用外形模板进行校对外观造型，如图 4-41 所示，严格按照标准制作模型。

图4-40　修型

（图片摘自：百度图片网.

http://image.baidu.com）

图4-41　细节刻画、打磨

（图片摘自：百度图片网.

http://image.baidu.com）

(10) 继续刻画细节，如图 4-42、图 4-43 所示。

图4-42　轮子制作

（图片摘自：百度图片网.

http://image.baidu.com）

图4-43　轮子上色

（图片摘自：百度图片网.

http://image.baidu.com）

(11) 整体修整模型，打磨、喷漆，如图 4-44 所示。

(12) 完成模型最终效果，如图 4-45 所示。

图4-44　贴胶带、喷漆黑

（图片摘自：百度图片网.

http://image.baidu.com）

图4-45　车子效果图

（图片摘自：百度图片网.

http://image.baidu.com）

4.4 塑料模型的制作

塑料是以高聚物为主要成分,并在加工成品的某个阶段可流动成型的材料。塑料模型一般采用热塑性塑料制作,它具有较好的弹性和韧性。

4.4.1 塑料的成型特性

塑料可分为热固性塑料与热塑性塑料。热固性塑料通过加热或其他方法可使其软化,如辐射、催化等。其固化后基本不溶于溶剂,加热温度过高就会产生化学反应,这种变化是不可逆的。热塑性塑料在整体特征温度内,反复受热或融化成黏稠流体状态和冷却硬化,在软化状态采用模塑挤出产品,塑料本身的分子结构不发生变化,表 4-1 所示为常用塑料的特性。

表4-1 常用塑料的特性

名 称	特 性
PVC	强度、电器绝缘性、耐药品性、加可塑剂会软化、耐热性
PVDC	比 PVC 耐药品性大
PVAC	无色透明、接着性好、耐旋光性佳、耐热差,吸水性大、大部分溶剂皆可溶
PVA	无色透明弹性体,耐热、绝缘、软化点高
PMMA	无色透明、光学性良、强韧、绝缘性好、加工性好
PS	无色透明、易于染色、绝缘性佳、耐水、耐药品、不耐冲击
PA	强韧、自己油滑且耐磨、吸震性强、耐热、耐寒、耐药品
PE	比水轻、柔软、不耐热、耐药品、耐电气绝缘、接着性差

知识链接

制作塑料模型的设备及工具主要有:塑料片、刻刀、勾刀、钢尺、锉刀、打磨机、腻子、刨子、钳子、手电钻、胶水(ABS胶水或三氯甲烷)、砂纸、密度板、白求恩乳胶、台钳、游标高度尺、直角尺、画线方箱、调和漆、雕刻机、转印纸等。

4.4.2 塑料模型的制作方法与步骤

1. 下料

首先对制作模型进行分解。需要绘制各部分的展图、平面图、三视图等,标示详细的尺寸。根据这些图纸在塑料板材上进行绘制所需材料的轮廓图,加工曲面板材,需要适当地预留 1 ～ 2mm 的余料,便于加工精确,如图 4-46 ～图 4-51 所示。

图4-46　画线

（图片摘自：百度图片网.
http://image.baidu.com）

图4-47　用勾刀开料

（图片摘自：百度图片网.
http://image.baidu.com）

图4-48　用锯开料

（图片摘自：百度图片网.
http://image.baidu.com）

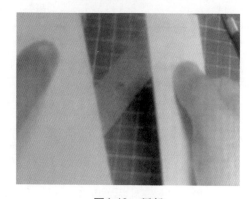

图4-49　掰断

（图片摘自：百度图片网.
http://image.baidu.com）

图4-50　激光雕刻机开料

（图片摘自：百度图片网.
http://image.baidu.com）

图4-51　切割出来的有机玻璃板

（图片摘自：百度图片网.
http://image.baidu.com）

04

另外，除了人工下料，还可以借助雕刻机下料，机器加工出来的材料比人工更精确。

2．制作

塑料在常温的条件下表面坚硬，形态稳定，外加工时变形很小，如图 4-52 所示。一般可采取的方法有剪切、钻孔、打磨、粘接、喷漆等。

知识拓展

塑料的加工方法有很多，大体分为三种，即玻璃态、高弹态和黏流态。

塑料在高弹态的温度下，高聚合物黏度增加，呈弹性，外加工时缓慢变形，外力消失时恢复原形。适合片材热压成型的加工方法，如图 4-53 所示。

图4-52　常温加工成型

（图片摘自：百度图片网.

http://image.baidu.com）

图4-53　热压成型

（图片摘自：百度图片网.

http://image.baidu.com）

塑料在黏流态的温度下，成为流动的黏性液，外加力时产生不可逆的形变，外力消失时恢复原形，适合注射成型的加工方法，如图 4-54、图 4-55 所示。

图4-54　注塑成型

（图片摘自：百度图片网.

http://image.baidu.com）

图4-55　模具

（图片摘自：百度图片网.

http://image.baidu.com）

3．步骤

(1) 绘好模型三视图，制作工程图，如图 4-56 所示。

(2) 选择合适的塑料的加工方法进行制作加工零件分解图，如图 4-57 所示。

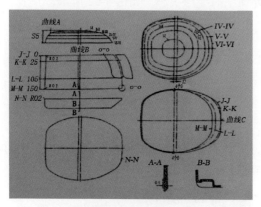

图4-56　三视图

（图片摘自：百度图片网．

http://image.baidu.com)

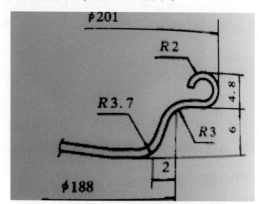

图4-57　零部件分解图

（图片摘自：百度图片网．

http://image.baidu.com)

(3) 选择合适厚度的塑料，常用 1mm、1.5mm、2mm 等，如图 4-58 所示。

(4) 按照预留的加工余量进行塑料板材切割，切割适合黏接的几个面。一般可取三视图任何一个面作为叠加的单元，割成若干块，然后进行黏接。经过锉削等加工后，就把凸模完成了。注意凸模一定要比实际模型稍高。

(5) 凹模用线锯切割、钻孔、锉削等工艺制作，如图 4-59 所示。

图4-58　选择合适厚度的ABS板材

（图片摘自：百度图片网．

http://image.baidu.com)

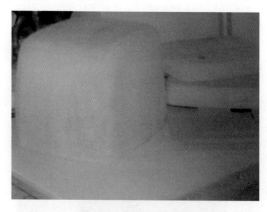

图4-59　制作凹凸木模

（图片摘自：百度图片网．

http://image.baidu.com)

(6) 把塑料板放进烤箱，烤软后取出，迅速放在凸模上，对好四边的位置，然后将凹模放在塑料板上匀力往下压。这个过程必须快速准确，必须赶在塑料冷却变硬之前完成，如图 4-60 所示，等塑料板变硬后即可脱模，如图 4-61 所示。

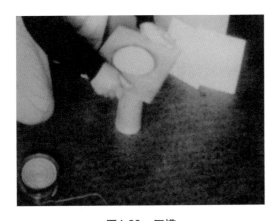

图4-60 压模

（图片摘自：百度图片网.

http://image.baidu.com）

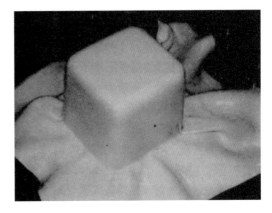

图4-61 脱模

（图片摘自：百度图片网.

http://image.baidu.com）

(7) 用高度尺画出塑料件的实际高度，如图 4-62 所示。

(8) 用戒刀将塑料件周边多余的部分进行切除，如图 4-63 所示。

(9) 根据设计的造型进行一下塑料件的制作，方法类似。将所有的零部件进行打磨，组装在合适的位置上。局部调整，精细打磨模型。最后调整模型，喷漆，完成模型，得到最终效果，如图 4-64 所示。

04

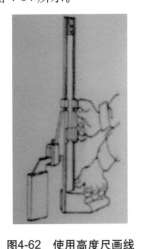

图4-62 使用高度尺画线

（图片摘自：百度图片网.

http://image.baidu.com）

图4-63 修边

（图片摘自：百度图片网.

http://image.baidu.com）

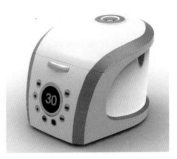

图4-64 模型效果

（图片摘自：百度图片网.

http://image.baidu.com）

4.5 木模型的制作

木模型在建筑和家具行业较为常见，是一种表达设计的重要方法。

4.5.1 木材的成型特性

木材质轻，具有天然色泽和美丽的纹理，易燃烧、易虫蛀和细菌腐蚀。木材质干缩湿涨，易变形，具有一定的强度和优良的加工性能，具有绝缘、隔音的效果。木模型的制作需要用到较多传统的加工方法，如锯、刨、凿、钻、铣等。

1）锯

木材的锯割是木材加工最常用的加工方法，按照设计的要求将木材切割进行下料。特别是尺寸比较大的原木材进行开锯、分解、割断等，如图4-65所示。

2）刨

刨也是木材加工最常用的加工方法之一。木材的板材经过锯断后，表面一般都较粗糙、不平整，所以必须进行刨削加工处理，经过刨削后可以获得适合的形状及光滑的表面，如图4-66所示。

图4-65　锯木材

（图片摘自：百度图片网.
http://image.baidu.com）

图4-66　刨木材

（图片摘自：百度图片网.
http://image.baidu.com）

图4-67　削木材

（图片摘自：百度图片网.
http://image.baidu.com）

3）削

削一般是通过斧头工具来进行，常用于对较粗的木材进行加工，经过削切后可以得到想要的大概造型。此工艺适合粗加工，加工效率较快，如图4-67所示。

4）凿

木构件之间需要连接，一般都是通过框架和榫孔等结构进行连接。开榫孔一般都是采用凿子来开，一般加工成方孔，如图4-68所示。

5）钻

钻一般都是加工圆孔，可以根据钻头大小来完成不同大小孔位钻孔的工作，如图4-69所示。钻有手动钻和电钻两种。

图4-68　凿木材

（图片摘自：百度图片网.

http://image.baidu.com)

图4-69　钻木材

（图片摘自：百度图片网.

http://image.baidu.com)

6) 铣

木模型中需要各种曲线的零部件，加工曲面比较复杂，需要一定的机器配合一定要求的木材。常用的机器是木工铣削机床，可以加工起线、截口、开榫、开槽等。主要用来加工木材，如图 4-70 所示。

04

图4-70　铣木材

（图片摘自：百度图片网．http://image.baidu.com)

知识链接

制作木模型的设备及工具主要有：夹板、层板、木工锯、手锯、木工铅笔、双脚画规、弹墨斗、直线锯、曲线锯、刨子、凿子、锤子、电钻、直角尺、钢尺、卷尺、锉刀、打磨机、砂纸、弓形钳等。

4.5.2　木模型的制作方法及步骤

木模型根据设计的特征，将模型分为若干个构件进行加工，然后再进行组装。每个构件加工前，需要按照构件的实际材料、形状、尺寸、表面处理等方面进行综合的考虑。选择适合的材料及加工方法，配合合适的加工工具，严格按照木材加工的要求进行制作。

下面以最简单的框架式手工木椅制品为例，简要介绍木材模型的成型过程。

1．构思作图

先根据草图选定方案，再绘出详细尺寸图和零件图，如图 4-71 所示，然后选定材料，分别按尺寸下料加工。

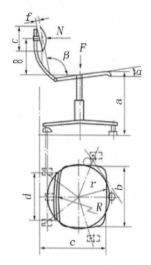

图4-71　绘制草图

（图片摘自：百度图片网.

http://image.baidu.com）

2．材料及工具准备

原材料及辅助材料的选择，一定要根据设计物品的长短、宽窄、厚薄等来定，如硬质杂木方条一根 (30mm×40mm×80mm)、竹片一根 (5mm×30mm×150mm)、铁丝一根 (ϕ0.8mm×850mm) 等，必须根据制品的要求，按构件在制品上所处部位的不同，合理地确定各构件所用成材的树种、纹理、规格及含水率等技术指标，这是木制品加工制作的第一道工序。

工具与设备，基本上都是采用刨、锉、锯、钻、钳等。

3．制作步骤与方法

首先将木质材料与其他材料分别交错加工。

(1) 木加工。

将材料按画线下料，以木工砍斧砍削，留出小余量再刨面取方，开样打孔和钻孔，并车削锯钮，最后砂磨去毛刺，如图 4-72 所示。

(2) 金属部分加工。

将拉紧铁条调直，一端绞丝，另一端铆头或焊头，再加工两片包铁。然后钉装椅子，如图 4-73 所示。

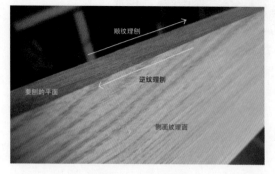

图4-72　展平木材

（图片摘自：百度图片网.

http://image.baidu.com）

图4-73　钉装椅子

（图片摘自：百度图片网.

http://image.baidu.com）

(3) 检验组装。

结构和生产工艺比较简单的木制品，可直接由构件装配成成品，而对比较复杂的木制品，则需要把构件装配成部件，待胶液固化后再经修整线加工，才能最后装配成木制品。此框锯的组装，是将锯柄、锯梁、锯钮进行配合，试看样头是否配合紧密可靠、拉紧铁丝及包片、鱼尾螺帽是否可以调动，待检查合乎要求后，再组合装配，如图 4-74 所示。

(4) 表面处理。

木制品的表面处理根据操作工艺的内容和目的的不同，包括除去木材表面的脏污、胶迹、磨屑、松蜡及裂纹、孔洞等缺陷和砂磨等。对制品表面作透明装饰时进行的表面处理，是木制品的主要装饰手段之一，着色时较普遍应用的方法是把水粉或油粉擦涂在经过清净、腻平与砂光的白坯木材表面。当表面处理完工之后，即可用手工涂刷或喷涂的方法涂饰底漆和面漆，如图 4-75 所示。

(5) 最终得到如图 4-76 所示效果。

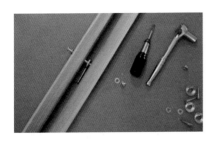

图4-74　钉螺钉

（图片摘自：百度图片网.

http://image.baidu.com）

图4-75　喷漆

（图片摘自：百度图片网.

http://image.baidu.com）

图4-76　椅子

（图片摘自：百度图片网.

http://image.baidu.com）

想一想

在制作椅子模型时，比例协调合理，按图纸尺寸加工，连接样头接合紧密可靠，做工精细，使用方便、舒适。

4.6　表面处理

在模型制作完成后，为了表达设计创意和表达效果，需要对模型做最后处理，那就是模型的表面处理。表面处理包括打磨、粘接、喷涂以及一些特殊效果的处理。随着新技术、新材料以及新工艺的不断发展和进步，给产品模型制作提供了更多的可能性，材料的表面处理研究也对设计师提出了新的要求和挑战。

4.6.1 表面处理的作用与意义

选择合适的材料进行设计及制作模型，是设计师必须具备的素质。模型最直接的作用就是表达设计师的观念和创意。恰当的表面处理能增加模型的真实性，尽可能地使模型的外观、色彩、质感、结构与产物相似。所以，表面处理的意义在于保护模型、赋予产品真实的视感及触感，利用材料本身的特性来提高模型的耐用性，提升设计的品质及价值。

4.6.2 表面处理的方法

不同的材料有不同的表面处理方法。根据模型的材料特点选择合适的加工方法，是对设计师的考验。设计师不仅要懂得材料的性能，还需要懂得利用新技术、新工艺来对模型进行表面处理。

1. 打磨

1) 石膏打磨

石膏模型表面一般都会出现气泡或气孔，尽管看起来表现比较光滑，但还是会发现气孔的存在。从大方面看不会影响模型的光滑度，但是会在喷涂时出现不平整、流漆的现象，这样将对模型的整体质量造成影响，这时就需要对模型进行打磨。石膏打磨的方法是先将石膏模型晾干，将凹坑和气孔清理干净。然后局部湿润需要填补的地方，用调试好的石膏浆进行填补。晾干后对突出部分用砂纸进行打磨，直至符合要求为止，如图 4-77、图 4-78 所示。

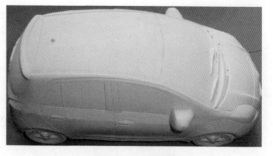

图4-77　砂纸打磨石膏

（图片摘自：百度图片网．
http://image.baidu.com)

图4-78　打磨效果

（图片摘自：百度图片网．
http://image.baidu.com)

2) 塑料打磨

塑料模型一般用 ABS 塑料、聚氨酯发泡塑料等进行制作，每种材料都有其特征，但是打磨方法基本相似。ABS 塑料及聚氨酯发泡塑料一般用原子料（腻子灰）来进行填补，然后用砂纸打磨，如图 4-79～图 4-82 所示。

图4-79　打磨

（图片摘自：百度图片网.
http://image.baidu.com）

图4-80　砂纸打磨器

（图片摘自：百度图片网.
http://image.baidu.com）

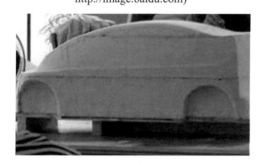

图4-81　锉刀打磨

（图片摘自：百度图片网.
http://image.baidu.com）

图4-82　涂抹原子灰后打磨

（图片摘自：百度图片网.
http://image.baidu.com）

04

3) 黏土及油泥打磨

黏土模型和油泥模型一般是制作比较精细的模型，对材料表现处理的要求比较高，在打磨之前先将凹凸部分进行填补、刮削处理。用喷水壳将表面喷湿，用准备好的黏土或油泥在需要处理的地方进行修复，晾干后用小刀边缘顺着产品的造型进行轻刮。最后用干砂纸、水砂纸进行打磨，如图 4-83 所示。

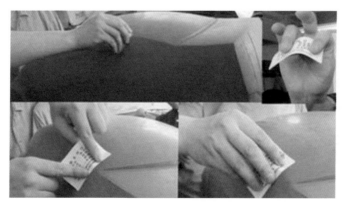

图4-83　油泥打磨

（图片摘自：百度图片网. http://image.baidu.com）

图4-84　木材打磨

（图片摘自：百度图片网.
http://image.baidu.com）

图4-85　喷壳

（图片摘自：百度图片网. http://
image.baidu.com）

4) 木材打磨

木材的表面处理需要经过很多次，在初加工阶段就开始对工件进行适当的打磨，主要是对木材表面的凹凸部位、划痕、毛刺进行处理。先用腻子把凹位填平，然后用粗砂纸进行全面打磨，再用细砂纸进行局部抛光，反复多次，直至木材表面光滑为止，如图 4-84 所示。

2．面饰

1) 浸涂

浸涂是将模型全部浸入涂料中时行上色的过程，效率高、操作方便、经济实用。这种方法常用于单色模型、工件、小零件的涂装。

2) 淋涂

将涂料烧到模型上形成涂装的方法，适合中空的模型及工件。这种方法用漆量较少、效率高。淋涂时用的涂料其黏度要比浸时高。

3) 喷涂

喷涂是把漆雾化后直接喷在模型上的方法，如图 4-85 ～ 图 4-87 所示。涂雾化有空气压力雾化、机械压力雾化和静电雾化三种方法。一般的喷涂都是使用空气压力雾化，特点是操作简单、成本低、涂料用量少。缺点是漆雾飞散，污染空气。

图4-86　喷涂

（图片摘自：百度图片网.
http://image.baidu.com）

图4-87　喷漆

（图片摘自：百度图片网.
http://image.baidu.com）

4) 电镀

电镀是金属化合物还原为金属的过程。在金属或非金属的表面进行电镀，从而改变材料的外部特征。除此之外，还起到保护模型的作用，有一定的装饰效果。一般制作金属制品的效果时要用到电镀工艺，如图4-88所示。

5) 转印纸

模型上完色后，还需要一些文字、图案来配合，一般要达到这样的效果就需要使用转印纸。转印纸有文字、图案、纹理等。将转印纸的正面贴在模型表面的合适位置，反面用橡皮或尺子等轻轻刮动。移动转印纸就会将转印纸上的文字、图案、纹理印到模型上，如图4-89、图4-90所示。

图4-88　电镀效果

（图片摘自：百度图片网.
http://image.baidu.com）

图4-89　转印纸的使用

（图片摘自：百度图片网.
http://image.baidu.com）

图4-90　衣服图案转印纸

（图片摘自：百度图片网.
http://image.baidu.com）

4.7 综合案例：音箱模型设计制作

制作构思

1. 制作项目：电视音箱，如图4-91所示。

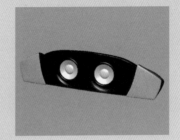

图4-91　音箱

（图片摘自：百度图片网. http://image.baidu.com）

2．时间分配：第一周混制石膏并待其成型，绘制效果图、尺寸图；第二周用于雕刻大型；第三周用于精细打磨并喷绘效果最终成型，写出制作过程并制作出报告书。

3．提前一周上网查阅音箱相关资料，并筛选出造型美观、适合用石膏材料制作的产品成品效果图。

制作过程

一、石膏的混制

(1) 制作石膏模型首先要掌握水和石膏粉的调配比例，即1:1，如图4-92所示。

图4-92　调配水和石膏

（图片摘自：百度图片网．http://image.baidu.com)

(2) 应先加入水，再放入石膏粉，如图4-93所示。

图4-93　调制石膏浆

（图片摘自：百度图片网．http://image.baidu.com)

(3) 在搅拌过程中要慢慢赶出气泡，并把大的石膏块捏碎。将均匀搅拌的石膏浆倒入预先准备的容器里，如图4-94所示。

图4-94　将石膏浆倒入容器

（图片摘自：百度图片网．http://image.baidu.com）

(4) 待30分钟左右即可取出模型，如图4-95所示。

图4-95　取出模型

（图片摘自：百度图片网．http://image.baidu.com）

二、效果图绘制

(1) 对照网上的音箱产品图，用软件绘制出音箱的大体轮廓，如图4-96所示。

(2) 进行比对，修改模型形体不准确的部分。构建细节部分；重复比对、修改，直到跟原产品准确无误为止；进行渲染，增添效果，如图4-97所示。

图4-96　音箱轮廓

（图片摘自：百度图片网．http://image.baidu.com）

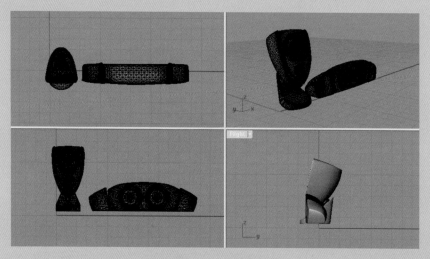

图4-97　渲染模型

（图片摘自：百度图片网．http://image.baidu.com）

三、尺寸图绘制

在已绘制好的效果图电子档文件中直接用"尺寸标注"工具进行标注，或导入CAD制图软件中进行绘制。

四、雕刻阶段

(1) 根据绘制的效果图用刻刀对模型进行雕刻，如图4-98所示。

(2) 大型雕刻过程中要留有余地，以便于修改，如图4-99所示。

(3) 进行下一步的雕刻工作——弧面及圆角的雕刻，如图4-100所示。

 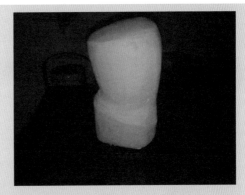

图4-98 雕刻模型1

（图片摘自：百度图片网．http://image.baidu.com）

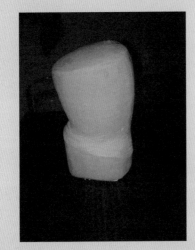 

图4-99 雕刻模型2

（图片摘自：百度图片网．http://image.baidu.com）

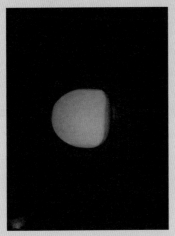 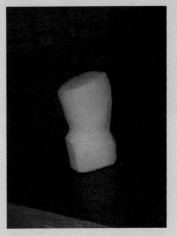

图4-100 雕刻弧面及圆角

（图片摘自：百度图片网．http://image.baidu.com）

04

（4）用砂纸打磨石膏，使其表面更为光滑，结构线条过渡更均匀，如图4-101所示。

（5）用小刀对细节进行再雕刻，如图4-102所示。

图4-101 砂纸打磨石膏   图4-102 细节雕刻

（图片摘自：百度图片网．http://image.baidu.com）

（6）下一步开始雕刻细节部分，如雕刻喇叭，如图4-103所示。

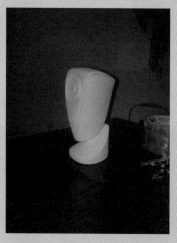

图4-103 雕刻喇叭

（图片摘自：百度图片网．http://image.baidu.com）

（7）对石膏精细打磨，如图4-104所示。

（8）用喷漆喷绘出效果图上的金色、黑色，使模型更逼真。最终效果展示，如图4-105所示。

图4-104　石膏精细打磨

（图片摘自：百度图片网．http://image.baidu.com）

04

图4-105　音箱效果图

（图片摘自：百度图片网．http://image.baidu.com）

分析：

　　制作音箱石膏模型前，先要准备好材料以及工具，如水、石膏粉、音箱模套、漆喷、刀具等。在开始制作时，要按1:1的比例调节水和石膏粉，并且先加入水，后倒进石膏粉，搅拌均匀，将其倒入音箱模具容器之中。在向容器倒入石膏浆时，一定要注意不要使容器中出现空隙，保障容器中的每处都被石膏浆填充。然后将容器放置在有阳光的地方大约30分钟之后，轻轻取出成型的模具。并使用相应的雕刻刀具雕刻出音箱的基本轮廓。在雕刻过程中，一定要小心，不要用力过猛，否则会损坏模具的造型。雕刻完成之后进行精心打磨，使模型的棱角圆滑，方便为其漆喷上色即可。注意在对模型漆喷时要一层一层喷洒，最终会得到出色的作品。

（资料来源：工业产品模型 3DSource 网．http://www.3dsource.cn）

 本章小结

本章主要学习石膏模型、黏土模型、油泥模型、塑料模型、木模型的制作方法与工艺。使读者了解模型制作的步骤及操作方法。模型制作方法是模型制作整个过程中最重要部分。根据材料特性和加工工艺，合理地选择材料及加工方法，综合认识产品模型制作方法及其规律。

 教学检测

一、填空题

1．天然二水石膏称为_____，石膏模型适用于制作_____、_____。

2．_____是一种重要的矿物原料。它的颗粒细小，常在胶体尺寸范围内，呈晶体或非晶体。

3．油泥材料适于制作_____、_____和_____。

4．_____是以高聚物为主要成分，并在加工成品的某个阶段可流动成型的材料。

5．木材质轻，具有天然色泽和美丽的纹理，_____，易虫蛀及细菌腐蚀。

二、选择题

1．下面材料中，_____特别适合制作形态模型。
   A．黏土　　　　　　B．石膏　　　　　　C．油泥　　　　　　D．木材

2．下面材料中，_____具有绝缘、隔音的效果
   A．黏土　　　　　　B．石膏　　　　　　C．油泥　　　　　　D．木材

三、问答题

1．简述石膏模型的制作方法以及过程。

2．简述黏土模型的制作方法以及过程。

3．简述塑料模型的制作方法以及过程。

4．简述木模型的制作方法以及过程。

第 5 章

手绘产品模型设计

学习目标

● 掌握产品手绘要点。
● 学习绘制产品的草图。

技能要点

产品设计手绘　　产品设计表现

案例导入

儿童手推车设计

　　世界上第一辆有文献记载的婴儿推车诞生于1773年的英格兰，距今已有281年的历史，当时Duke of Devonshire三世委托Willam Kent(一名园艺师)为他的孩子们设计一种交通工具以娱乐他们，Ken就设计了一种带轮子、篮子形状的推车，小孩子可以坐在篮子里面，车子则由一匹小马或者山羊拉着，如图5-1所示。当时只有贵族家庭才有资格购买这样的童车，甚至车子的名字都是以公主或者公爵夫人的名字来命名。直到100多年后，1848年，美国人Charles Burton在车子上加了手把，这样父母就可以推着车子走，真正意义上的儿童"手"推车出现了，如图5-2所示。

图5-1　最初的儿童推车

(图片摘自：百度图片网．image.baidu.com)

图5-2　逐渐发展的儿童手推车

(图片摘自：百度图片网．image.baidu.com)

　　随着设计师的不断推陈出新，儿童手推车也变得越来越多样，更符合每位宝宝与妈妈的需求。

　　市场上已有的儿童手推车产品，如果按风格来分，可以分为欧系和日系。欧系(包括美国)是儿童手推车的主要产地，世界著名品牌大多集中于此。欧系风格造型流畅、大气，车架较粗，座位较高、内部较宽敞，价格相对来说也较高。日系(包括中国)风格小巧、细腻，细节设计到位，座位较低，内部较窄。图5-3所示就是日式儿童手推车的草绘设计图。

分析：

产品设计手绘表达技法是工业设计专业的基础训练课程，对培养设计师的思维能力、手、眼协调能力、快速的表达能力，丰富的立体想象能力有非常重要的作用。同时，还能够使设计师不但注重各种技法的掌握，更重要的是通过训练培养对事物分析、理解、创新和不断积累经验的好习惯，为成为一名优秀的产品设计师奠定夯实的基础。如图5-3所示，作为儿童手推车的案例，很好地诠释了用简单的手绘表现不简单的产品的过程。

图5-3所示为儿童手推车的产品设计表现，设计师从整体到细节都通过手绘来完成，在一张图纸中，将这款手推车的外形、构造、器件之间的衔接等各个方面表现得非常到位。只需用一张纸，便可观阅儿童手推车的所有部件以及细节。

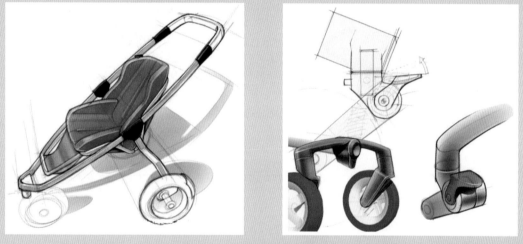

图5-3　现代儿童手推车手绘设计

（图片摘自：中国设计手绘技能网．www.designsketchskill.com)

5.1　产品设计手绘表现基础

产品模型设计过程中比较重要的一个环节是手绘设计，许多设计师在制作模型之前，都会在图纸上绘制出图形效果，然后再根据图纸中的图形进行模型产品的设计。

工业设计的产品开发过程是一个从无到有、从想象到现实的过程，最终要有一个看得见、摸得着的形象展现在人们的面前。优秀的工业设计师以较清晰的产品设计表现图，将头脑中一闪而过的设计构思，迅速、清晰地表现在纸上，展示给有关投资、生产、销售等各类专业人员，以此为基础进行协调沟通，以期早日实现设计构思。因此，在此过程中，要了解产品设计表现的学习要点及学习目的，以达到事半功倍的效果。

5.1.1　学习过程中的注意要点

　　产品设计手绘表现图是产品设计的专业化的特殊形象语言，是设计师表达设计创意必备的技能，也是产品设计全过程中的初始环节与最重要的环节。设计师应该用产品设计表现的特有方法进行表达，以满足消费者需要并符合生产加工技术条件的产品设计构想，通过快速表现技巧加以视觉化展现的技术手段，明确地展示了产品的特征。

　　产品设计手绘表现图应该是准确、清晰、自然，具有很强的直观性的图形作品，并不仅仅是一副好看的画，而是一个新产品诞生的依据和工业设计师想象力与设计构思紧密联系并物化了思维的过程，图5-4、图5-5所示是两款电子产品的手绘设计，通过不同角度和文字展示这款产品的外形特征和基本性能。

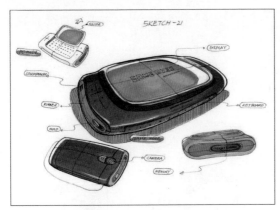 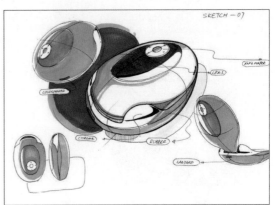

图5-4　电子产品设计手绘表现1　　　　　　图5-5　电子产品设计手绘表现2

（图片摘自：设计手绘技能网.　　　　　　　（图片摘自：设计手绘技能网.

http://www.designsketchskill.com)　　　　　http://www.designsketchskill.com)

知识拓展

　　在二维空间的平面上，要表现出具有三维空间的立体形态，首先应考虑物品放置的状态，选择什么样的表现角度，确立什么样的视平线，才能做到心中有数、较为真实地表现产品。一件产品具有三至六个面，而各面都有不同的表达内容。

　　表现视角的选择应根据产品重量大小，尊重产品的实际使用状态，这样绘出的产品设计表达作品就比较接近未来产品的实际使用状态。一般情况下我们观察产品有以下三个距离选择。

　　1．远距离表达——整体的观察

　　所谓远距离表达就是从整体的角度检视一个产品的轮廓、姿态及强调的部分。不需要太在意细节，只要清楚地将你想要表达的东西展现出来就可以了，因为产品的最初雏形在设计开始的时候是非常重要的，如图 5-6 所示，这款摄像头的远距离表达，就从整体上给消费者一种直观的印象，能大体了解摄像头的外形、不同角度下的特征等。

　　这个阶段的设计目标是建立设计物三维的大致形体，所以这一阶段应强调轮廓、整体姿态、亮度对比和被强调的部分。

　　2．中距离表达——立体与面的构成

　　中距离的表达视角很适合观察产品三维的体面和构造，以及形态的特征线型及图案，有利于表现出产品的质量感和动感，如图 5-7 所示，中距离的电钻设计表现能够突出更多电钻的细节。

图5-6　摄像头手绘表现

（图片摘自：中国设计手绘技能网.
http://www.designsketchskill.com）

图5-7　电钻手绘表现

（图片摘自：中国设计手绘技能网.
http://www.designsketchskill.com）

【案例1】

各类电子产品的手绘设计

　　中距离表达的目标是整体的正确的透视效果及细节的正确透视效果，可以只表现大概的外观结构、特征线条、产品的对称性、量感及动感。运用恰当的夸张画法可以使设计意图更明确。如图5-8～图5-11所示，手绘图都是中距离表达，能够很清晰地看到产品的外观和细节，并正确地表现了产品的透视效果。不同色彩的画笔，更能突出细节部分，并且能够很好地展示产品的外观。

　　分析：

　　如图5-8所示，手绘图都符合中距离的表现视角，设计师所绘制的产品视角方向是一个适合表现产品的视角。中距离的表现视角使观者能明显地看到产品的特征，即流畅的曲线、明确的透视及精准的设计细节。

　　图5-9所示是电子产品的斜侧面手绘表现，设计师采用斜侧面的手绘能够展示出产品的立体效果，使画面更具吸引力，同时手稿线条也清晰明了。

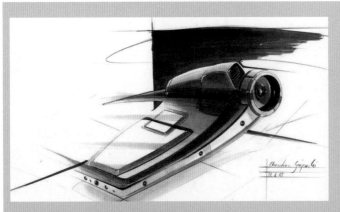

图5-8　电子产品的手绘图1

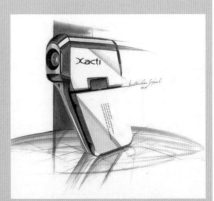

图5-9　电子产品的手绘图2

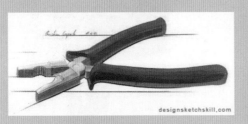

图5-10　钳子的手绘图

图5-10所示是钳子的手绘表现，正如其他中距离视角一样，该图不仅表现了产品的特征，还将产品的细节表现出来。通过中距离视角描绘，能够使观者更细质的观看产品，也能让他人为设计师提供宝贵的意见，调整初期的设计草绘。

图5-11是摄像机的设计手绘，中距离视角使摄像机的细节得以呈现，且将其组成结构清晰地呈现出来。

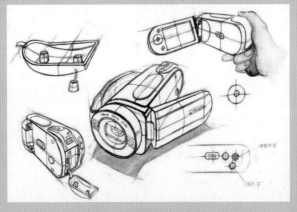

图5-11　摄像机的手绘图

（资料来源：中国设计手绘技能网．http://www.designsketchskill.com）

3．近距离表达——物体细节的展现

近距离表达，实际上就是一般展示或使用某件产品的距离，这时物体的角度变化比较大，细部的处理容易被感受到，例如，产品表面的精致线条、图案和配色都能被察觉，其目视质感也比较强烈。设计师精心打造的产品每一个细节都展现出迷人的魅力而产生最佳的表现效果。在这个距离可以使观者仔细观察和感觉一个新产品的方方面面。因此应该说，这是最有魅力的表现角度。

图5-12 所示是一款交通工具的产品设计手绘，设计师选择最能表现该款交通工具特征的角度，即该款车的后部和非常具有特色的轮胎，使观者对这么个性的车有了更直观地了解。

图5-13 所示是典型的物体近距离的设计表现，精细地表现了表盘的细节，使消费者了解产品的性能，增加了产品的视觉冲击力。

图5-12 交通工具手绘

（图片摘自：中国设计手绘技能网．
http://www.designsketchskill.com)

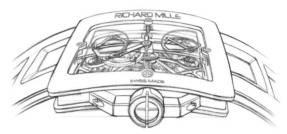

图5-13 手表手绘

（图片摘自：中国设计手绘技能网．
http://www.designsketchskill.com)

图 5-14 所示也是一款表的视觉表现，同样精细地表现了表的细节。

综上所述，产品设计手绘表达技法与其他具有创造性的工作一样并不是按固定模式进行的。要善于吸收、借鉴和发展自己的独立个性，避免单纯模仿。

知识拓展

在产品设计表现图中也可以结合使用诸如文字、机械制图活模型来表达自己设计构思。在选择使用产品设计手绘表达技法时，应该是灵活的，应尽量少受制约，以准确、快速和经济为准则，可以根据产品设计表达的内容和阶段作适时地调整。

图5-14 手表实体手绘

（图片摘自：中国设计手绘技能网
http://www.designsketchskill.com)

5.1.2 学习产品设计手绘表达的目的

形象化的产品设计表现图比语言文字或其他表达方式对形象化的思维具有更高的说明性。通过各种不同类型的产品设计表现图，诸如草图、方案图等，能充分说明设计师所追求的目标。许多难以用言语概括的形象特点，如产品形态的性格、造型的韵律和节奏、色彩、量感、质感等，都可以通过产品设计手绘表达的作品来完成，如图 5-15 所示，这是一款跑车的手绘设计，通过线条的运用和色彩的选择，我们能够感受到这款车型的外形特征、质感和速度感。

图5-15 交通工具的产品设计手绘

（图片摘自：中国设计手绘技能网．http://www.designsketchskill.com）

　　工业设计是很复杂的创造性活动，设计师的设计创新构思，通过二维视觉产品设计表现图的绘制，不断得以改进和提高，这一过程不仅锻炼了设计师的思维能力，而且还对其大脑想象的不确定图形进行了纵向和横向的拓展研究。随着产品设计表达进程的不断深入，设计师的思路渐渐得到延伸，好的设计构思在产品形态表现的过程中不断涌现，它诱导设计师深入探求、发现、完善新的形态和美感，从而获得功能与形态都具新意的创意构思。如图 5-16、图 5-17 所示，该款农夫车的设计师就是通过草图来分析和设计造型。这就要求设计师必须掌握快速、准确的表现技巧，将创意构思随心所欲地表现出来，绘制出既准确、合理又客观的产品设计手绘表现图。

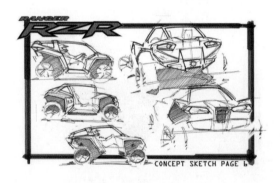

图5-16　农夫车设计手绘1

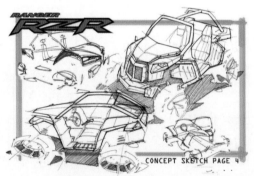

图5-17　农夫车设计手绘2

（图片摘自：中国设计手绘技能网．http://www.designsketchskill.com）

知识链接

　　产品设计手绘表现图所表现的内容应该是真实和有新意的。设计师应用手绘表达技法完整地提供有关产品功能、造型、色彩、结构、质感、工艺、材料等诸多方面的形象信息，真实地、客观地表现有关未来产品的实际构想，从视觉感受上沟通设计者、参与开发的工程技术人员和消费者之间的思维链，使观赏者一目了然，而且不应受年龄、性别、职业和时空的限制。

5.2　常用的产品设计手绘方法

5.2.1　手绘产品设计构思草图画法

1．手绘产品设计草图的意义、目的与标准

产品设计手绘表达是工业设计师的专业语言。快速、准确、生动地表现心中的创意且在短时间内及时准确地表现出来，是每个工业设计师所追求的境界。这也是整个构思过程成败的关键，如图5-18所示，是一款手表的设计草图，虽然是草图，但表现了产品的轮廓与细节。

如图5-19所示，通过图、文字相结合的方式简单地勾勒出了台灯的重要部位的效果图。

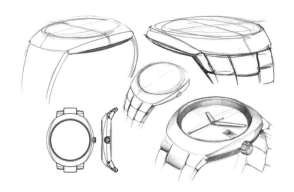

图5-18　手表设计手绘

（图片摘自：中国平面设计网.
http://bbs.cndesign.com）

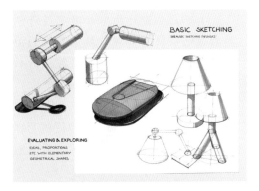

图5-19　台灯模型设计手绘

（图片摘自：中国平面设计网.
http://bbs.cndesign.com）

产品设计构思草图起着非常重要的作用，它不仅可在很短的时间里将设计师思想中闪现的每一个灵感快速地运用可视的形象表现出来，而且还能根据手绘产品设计草图进行修正，进而使设计更加完美，促使设计的完成。

手绘产品设计构思草图的表现方法较为简单，一般采用速写的手法，用如铅笔、钢笔、签字笔、圆珠笔、马克笔、彩色水笔等书写工具及普通的纸张，如图5-20所示就是使用铅笔来绘制汽车挡设计的草图。这种快速简便的方法有助于设计师创意思维的扩展和完善，随着构思的深入而贯穿于设计的过程，如图5-21所示，设计师有时还会在产品

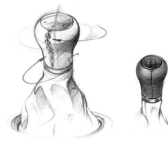

图5-20　汽车挡设计草图

（图片摘自：中国设计手绘技能网
http://www.designsketchskill.com）

设计草图的画面上出现文字的注示、尺寸的标定、颜色的推敲、结构的展示等辅助表达手段。

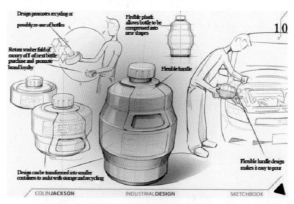

图5-21　油壶的设计草图

（图片摘自：中国设计手绘技能网．http://www.designsketchskill.com）

知识拓展

　　手绘产品设计构思草图是设计师将自己的想法由抽象变为具象的一个十分重要的创造过程。它实现了抽象思考到图解思考的过渡。它也是设计师对其设计对象进行推敲理解的第一步，是在综合分析、展开设计、决定生产以及最后出结果等各个阶段很有效的设计表达手段。

　　从草图画法的目的来讲，草图的目的主要有：记录灵感、图解思维、反应设计师的修养和设计能力。准确、快速、生动是草图画法的标准，如图5-22所示。

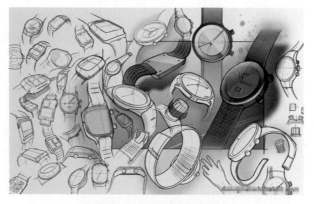

图5-22　手表的设计草图

（图片摘自：中国设计手绘技能网．http://www.designsketchskill.com）

2．草图画法的特点

　　手绘产品设计构思草图是设计师在设计过程中自我交流的过程，用于记录设计师的想法及拓展设计师的思路。在绘制方法和尺度上都是多种多样的。草图是设计师在尽可能快速、简洁、概括的情况下记录下来的，为了表达产品的基本特征与信息，而往往省略一些细节，如图5-23～图5-25所示。草图画幅不可画得太小，若太小，则细节不易表达清楚，无法进行深入的分析思考。

图5-23　运动鞋的设计草图

（图片摘自：中国设计手绘技能网.

http://www.designsketchskill.com）

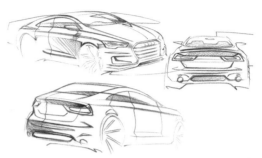

图5-24　奥迪概念车的设计草图

（图片摘自：中国设计手绘技能网.

http://www.designsketchskill.com）

图5-25　快艇的设计草图

（图片摘自：中国设计手绘技能网. http://www.designsketchskill.com）

05

> **知识拓展**
>
> 　　掌握熟练的设计草图手绘技法需要不断地强化练习，必须多思、多画、多练。在学习各种技法的同时，要善于吸收、借鉴和创造适合自己的独特表达方式。

5.2.2　手绘产品设计方案图画法

1. 方案图意义与作用

随着产品设计创意的逐渐深入，当构思草图达到相当量的时候，为了进行更深层的表达，需将最初概念性的构思再深入拓展，设计师就要择优筛选，确定可行性较高的优秀创意作重点发展，将最初的构思草图深入展开，产生较为成熟的产品设计雏形。此时，为了便于交流，必须绘出较为清晰、完整的产品设计方案图。如图 5-26、图 5-27 所示，手绘产品设计方案图比构思草图更具有多样化特点，更细致、真实。

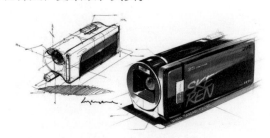

图5-26　录像机设计图

（图片摘自：中国设计手绘技能网．http://www.designsketchskill.com）

图5-27　香水瓶设计图

（图片摘自：中国设计手绘技能网．http://www.designsketchskill.com）

2．方案图的分类

手绘产品设计方案图根据大致类别和设计要素可分为产品设计方案图、产品设计展示图和产品设计三视表现图。

产品设计方案图以启发、诱导设计，提供交流，研讨方案为目的。此时设计方案尚未完全成熟，还有待进一步推敲斟酌。如图 5-28 所示，这款摩托车的方案图并未成熟，但设计师已经将大概的外形、色彩有了一定的描绘。

产品设计展示图是在较为成熟和完善的阶段。作图的目的大多是在于提供给决策者审定、实施生产时作为依据，同时也可用于新产品的宣传、介绍、推广。这类表现图对表现技巧要求较高，对设计内容要做较为全面的表现。色彩方面不仅要对环境色、条件色做进一步表现，有时还需描绘出特定的环境，以加强真实感和感染力。如图 5-29 所示，这款产品的产品手绘图就是在色彩方面有了一定的诠释，灰色的底色增加了画面的感染力。

图5-28　摩托车的产品设计方案图

（图片摘自：中国设计手绘技能网．http://www.designsketchskill.com）

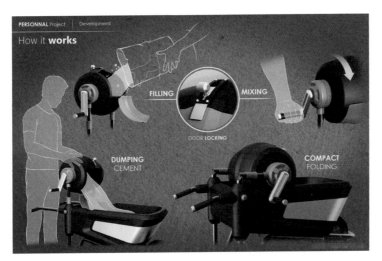

图5-29 产品设计展示图

（图片摘自：中国设计手绘技能网．http://www.designsketchskill.com）

产品设计三视表现图直接利用三视图来制作的。特点是作图较为简便，不需另作透视图，对产品里面的视觉效果反应最直接，尺寸、比例没有任何透视误差、变形。缺点是表现面较窄，难以显示所表现的产品的立体感和空间视觉形态，如图 5-30 所示，这款奔驰车的三视图虽然惊喜，但在展现的立体感和空间视觉形态便有所欠缺。

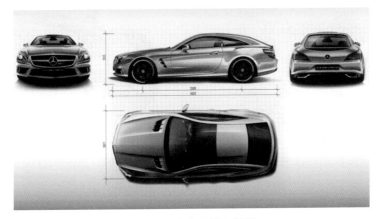

图5-30 汽车设计三视图

（图片摘自：中国设计手绘技能网．http://www.designsketchskill.com）

3．方案图的画法

就实际应用来看，除了初期构思草图外，手绘产品设计方案图在设计过程中应用最为广泛，要求相对较高，也是设计师必须掌握的基本专业技能。手绘产品设计方案图是构思草图的完善与深入，适用于深入分析、推敲设计方案及与他人沟通交流并提供选择的余地，同时也是制作手绘产品设计精细表现图的前提准备。当然，处在完善阶段的产品设计表达过程未必是最后的设计结果，还需在反复的评价中进行优化。因此，无须太多深入的细节刻画，但要考虑后期的批量生产和大规模制造。行笔着色一定要有流畅感，要真实地表现产品的材质、固有色和结构，使人理解其形态的曲直高低。

　　总之，这个阶段设计师的主要任务就是在有限的时间内，创造出尽可能多的概念方案，并且能够快速表现出来，让别人理解自己的设计意图并首肯自己的设计水准，为将构思创意转化为产品并推向市场打下基础。

5.2.3　彩色铅笔画技法

　　彩色铅笔也是设计师常采用的表现工具。特别是在时间紧、条件有限的情况下，是相当便利的工具。通常为了表现出材料的特殊色调，要尽可能备齐各种色系的彩色铅笔，如图 5-31 所示，是市面上常见的某品牌彩色铅笔。

　　彩色铅笔和其他一次涂满的着色方法不同，需要一边观察整体色调，一点点逐次重复涂上。着色方法要诀是依据普通铅笔的画法，柔和地轻轻作画逐层加深，表现出微妙的明暗和色彩变化，如图 5-32 ～图 5-34 所示，均是使用彩色铅笔进行描绘的。

图5-31　彩铅

（图片摘自：中国设计手绘技能网．
http://www.designsketchskill.com)

图5-32　园林设计彩铅技法

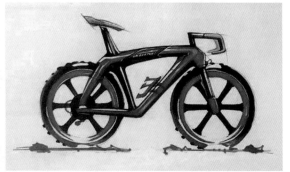

图5-33　自行车设计彩铅技法

（图片摘自：中国设计手绘技能网．http://www.designsketchskill.com)

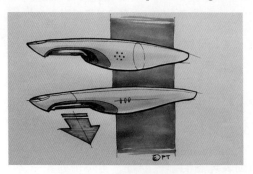

图5-34　刀具设计彩铅技法

（图片摘自：中国设计手绘技能网．http://www.designsketchskill.com)

5.2.4　马克笔画技法

马克笔在使用时要注意，动笔前要胸有成竹，并且一定要果断，不要无目的地反复涂，否则颜色叠加变深，画面发脏；排笔时要轻松准确，避免相互交叉。在弧面和圆角处，行笔要流畅、顺势而变化。马克笔对小型图的表现很方便，对于大图的表现容易出现笔触过碎的感觉。遇到叠压部分颜色会变深，易变化，因此大幅画面要与水彩、水粉合用，但油性笔无法和水彩、水粉融合，如图 5-35、图 5-36 所示，均是用马克笔表现的产品。

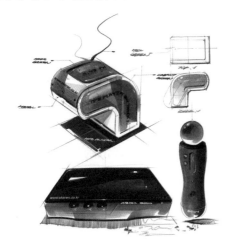

图5-35　产品设计马克笔技法

（图片摘自：中国设计手绘技能网．http://www.designsketchskill.com）

图5-36　园林设计马克笔技法

（图片摘自：中国设计手绘技能网．http://www.designsketchskill.com）

知识拓展

马克笔又称麦克笔，通常用来快速表达设计构思，以及设计效果图之用。有单头和双头之分，墨水分为酒精性、油性和水性三种，能迅速地表达效果，是最主要的绘图工具之一。马克笔始于20世纪40年代，是一种便于携带、速干、易操作、色彩系列丰富的表现工具。如今，已成为工业设计、室内设计、建筑设计、服装设计等各个设计领域设计师必备的手绘表现工具之一。

1. 作画步骤

(1) 先用钢笔或签字笔勾勒出产品的形态结构，应注意各细节的精确性和透视效果。

(2) 选择适当的颜色表现，注意行笔要干脆流畅，一气呵成。

(3) 同一种颜色的笔，重复画几笔，颜色会变深。但也不要重复太多，一是反复涂抹会使钢笔线出现模糊效果，弄脏画面；二是会降低色彩的彩度和透明度使画面不能达到理想的效果。

(4) 对画面的一些局部可适当地用遮挡膜遮挡，这样有利于保护已经画好的部分不至于被污染，同时，也有利于大面积背景色彩的铺设。

(5) 全部画面基本完成后，使用白色彩铅笔、白水粉色或者白色修改液提升产品主体的高光和亮线，使之更加精细和写真。

(6) 完成后的作品要进行整理和装裱，把与构图无关的画面裁切掉。

2. 练习时需要注意的几个问题

(1) 培养正确使用工具的好习惯。

在练习中，培养正确使用工具的好习惯是必要的。现实中，所有形体都是由弧线和直线构成的。如果要每个设计师都以徒手绘制精密的形体几乎是不可能的，因为人手具有惯性和方向性，对于弧的控制尤其困难，特别在画透视图中的圆弧时，因在不同角度的视高点观察下，所形成的弧度都不一样。因此为了画出正确的形体，就必须借用精密的辅助工具才行。

还应考虑新旧笔的选择运用，以利不同表现之需求。着色时尽量避免多次重复而且不要太靠近轮廓线，以免将色彩涂出轮廓外。运笔轻重控制适当，切忌重压，以免损害笔头。与其他色彩笔混合运行时，应先画出马克笔再涂其他色彩。另外，马克笔用后应盖紧收藏于阴暗处，避免阳光直射。

(2) 画出潇洒、规整的笔触。

很多琐碎的笔触叠加在一起，会破坏一个画面的完整性，尤其在画反光面时，更容易出现笔触琐碎的情况。因此，笔触必须一气呵成，贯穿始终，有头有尾，避免因犹豫不定而产生的顿挫、重复、中断、轻重不一样的现象，如图5-37所示，这款吹风机的马克笔的产品设计手绘显得高端、大气。

(3) 涂色应生动。

开始马克笔画技法的练习时，要仔细观察产品结构与各个面上的光线变化，哪怕是反光与投影都

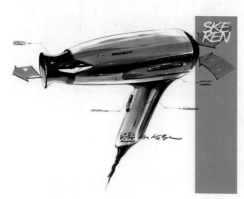

图5-37 吹风机马克笔设计

（图片摘自：中国设计手绘技能网.
http://www.designsketchskill.com）

要用适当的笔触加以表现。不但要表现出光线的微妙变化，还要以笔触突出它们明度、色相的不同特征，这样才不会使画面呆板失真。因此，不能仅仅在画面上看似相同的地方平涂同一色彩了事。

【案例2】

汽车手绘设计

在草图的创作阶段，设计师可以不追求草图的质量，而是集中于设计方案的想法方面，以便于及时地将灵性的、不完善的想法及初步的形态记录下来，为以后的设计程序提供丰富的方案，并且为今后的修改和比较奠定坚实的基础，如图5-38～图5-45所示。

分析：

图5-38～图5-45所示是设计师为汽车的设计草图，从这几张草图中可以看出这款概念车的基本形态，车身轻便，线条流畅。不同角度手绘的展示，更能显示出车子的外形。如图5-41～图5-45所示，设计师使用马克笔为汽车手绘涂上色彩，使画面显得更加精美。

05

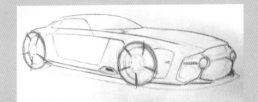

图5-38 汽车设计手绘1

图5-39 汽车设计手绘2

图5-40 汽车设计手绘3

图5-41 汽车设计手绘4

图5-42 汽车设计手绘5

图5-43 汽车设计手绘6

图5-44　汽车设计手绘7

图5-45　汽车设计手绘8

（资料来源：中国设计手绘技能网．http://www.designsketchskill.com）

5.3　综合案例：电钻手绘设计

　　在日常使用和人的操纵控制及视觉接触最多应该就是产品正视方向的内容，就自然成了设计师突出表现的视角。在产品设计表现中，设计师通常都将人们最关注的一面展现给受众，这样能够使受众更加清晰地了解产品。图5-4所示，是国外设计师Neuneuland的产品手绘作品，以表现电钻为目标。

　　电钻是一种在金属、塑料及类似材料上钻孔的工具，是电动工具中较早开发的产品，是品种多、规格齐、产量大的广泛使用的工具。电钻换上专用砂轮可切割砖、石等建筑材料，换上圆盘钢丝刷可砂光金属表面并除锈，换上抛轮可抛光各种材料的表面。

　　分析：

　　设计师将最能表现产品特征的面呈现出来。如图5-46、图5-47所示的电钻手绘图，均表现出了产品的外形。图5-46所示是以马克笔为工具，将电钻的质感、形态、色彩等细节表现得非常好。图5-47所示则是以彩铅为工具，将电钻的外在形态利用简洁的线条表现出来。两者虽然工具不同，但都给观者一个非常适合了解产品的体和面，这一点在产品设计表现中非常关键。

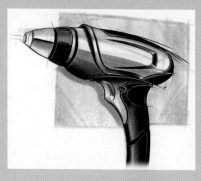

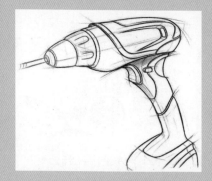

图5-46　电钻设计手绘表现1

图5-47　电钻设计手绘表现2

（资料来源：中国设计手绘技能网．http://www.designsketchskill.com）

本章主要介绍产品设计手绘要点。优秀的工业设计师以较清晰的产品设计表现图，将头脑中一闪而过的设计构思，迅速、清晰地表现在纸上，展示给有关投资、生产、销售等各类专业人员，以此为基础进行协调沟通，以期早日实现设计构思。通过学习本章内容，读者能够了解产品设计表现，产品设计手绘表现的方法及注意事项。

一、填空题

1．产品设计手绘表现图是产品设计的专业化的特殊形象语言，是设计师表达＿＿＿＿＿＿必备的技能。

2．产品设计手绘表现图应该是＿＿＿＿＿、＿＿＿＿＿、＿＿＿＿＿，具有很强的直观性的图形作品。

3．形象化的产品设计＿＿＿＿＿或＿＿＿＿＿对于形象化的思维具有更高的说明性。

4．手绘产品设计方案图根据大致类别和设计要素可分为＿＿＿＿＿、＿＿＿＿＿和＿＿＿＿＿。

二、选择题

1．表现视角的选择应根据产品＿＿＿＿＿，尊重产品的实际使用状态，这样绘出的产品设计表达作品就比较接近未来产品的实际使用状态。

  A．重量大小   B．质量好坏   C．长度大小   D．面积轻重

2．产品的三个距离包括＿＿＿＿＿。

  A．远距离   B．中距离   C．近距离   D．较远距离

三、问答题

1．学习产品设计手绘的目的是什么？

2．简述如何用马克笔进行产品设计表现。

05

第
6
章

产品模型的计算机辅助设计

学习目标

● 了解计算机辅助设计对产品设计表现的影响。
● 掌握计算机辅助设计对产品设计表现的效果。

技能要点

计算机辅助设计　　产品设计表现

案例导入

摩托车模型设计表现

摩托车模型，是完全依照真车的形状、结构、色彩，甚至内饰部件，严格按缩小的比例制作而成的模型。计算机的发展推动了绘图软件的进步。例如AutoCAD、3D Max、Photoshop等软件都已成为当今流行的产品设计辅助软件。

如图6-1～图6-3所示的宝马摩托车模型，设计师使用3D Max软件绘制草图，然后通过渲染得到仿真实体模型。这样的效果图会使观者更直观地观赏汽车样式，为实体效果带来了更直观的观赏效果。

图6-1　摩托车实体模型效果1　　　　图6-2　摩托车实体模型效果2

分析：

图6-1～图6-3所示是典型的计算机辅助设计图，设计师使用3D Max软件绘制汽车草图，完成草图之后，进行渲染，使这款车的质感、形态、颜色都表现得非常逼真，使生产流水线上的其他工种及受众能够清晰地看出该款车型的特征。使用3D Max软件绘图，如果设计师对效果图不满意，可以随时更改绘制方案，既方便又简单，减少了在草稿上的重新绘图。3D Max软件拥有的摄影等功能，使画面中出现了车身的影子，更加增强了车子的真实效果。

06

图6-3　摩托车实体模型效果3

（资料来源：中国设计手绘技能网．http://www.designsketchskill.com)

06

6.1　使用计算机设计产品的基础概念

在产品模型设计表现中使用计算机辅助设计，可以很好地提高设计制作的速度和质量。计算机辅助设计解决了设计师因为一个好的方案无法实施的困惑，且计算机表现的手段复制性强，能够使设计师的设计文件进行精确的复制并批量生产。以计算机硬件、软件为支持环境的计算机辅助产品设计系统，可以用先进的设计方法，通过各种功能模块实现对产品的描述、计算、分析和绘图，以及对各类数据的存储、传递、加工等。在运行过程中，结合人的经验、知识及创造性，形成人机交互、各尽所长的过程。图 6-4 所示是手绘和计算机辅助共同完成的电子产品设计。

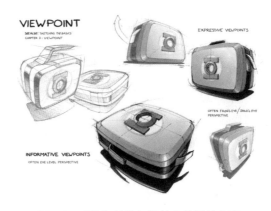

图6-4　手绘与计算机相结合的设计表现

（图片摘自：中国设计手绘技能网．
www.designsketchskill.com)

6.1.1　计算机时代的产品表现技法

20 世纪 60 年代中期，计算机辅助设计出现并推出商业化的计算机绘图设备发展。直到 80 年代中期以来，计算机辅助设计技术进入了百花齐放的繁荣昌盛时期。由于各种硬件平台和软件平台的不断更新，各种优秀的计算机设计软件出现，加之网络和数据库技术的发展，产品辅助设计以出人意料的速度发展着，如图 6-5、图 6-6 所示，均是利用软件进行的模型渲染。

图6-5　利用三维软件进行概念设计

图6-6　建模后的视觉效果

（图片摘自：中国设计手绘技能网．http://www.designsketchskill.com）

作为现代设计技术和先进制造技术的典型代表，计算机辅助技术涵盖了计算机辅助设计 (CAD)、计算机辅助工程分析 (CAE)、计算机辅助工艺过程设计 (CAPP) 和计算机辅助制造 (CAM) 四个方面的内容。下面将重点针对计算机辅助技术中的计算机辅助工业设计进行探讨。

工业设计是从社会、经济、技术、艺术等多种角度，对批量生产的工业产品的功能、材料、构造、形态、色彩、表面处理、装饰等要素进行综合性的设计，创造出能够满足人们不断增长的物质需求的新产品。工业设计在技术创新、产品成型以及商品的销售、服务和企业形象的树立过程中，都扮演着重要的角色，它是现代工业文明的灵魂，是现代科学技术与艺术的统一，也是科技与经济、文化的高度融合。如图 6-7、图 6-8 所示，很清楚地展示了手绘与科技相融合之后的完美效果。

计算机辅助工业设计英文缩写为 CAID。随着它的产生，一种新的设计技法也随之出现：运用三维或平面设计软件进行产品的最终设计方案。图 6-9 所示为飞行器设计表现，新的技法的出现改变了设计师从事产品设计的工作流程，也改变了产品设计表现技法的标准，与之前的单纯的手绘相比，计算机效果图更加清晰、更加精准。

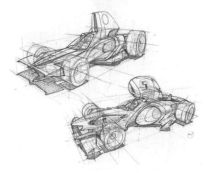

图6-7　交通工具的手绘

图6-8　交通工具的实体设计

（图片摘自：中国设计手绘技能网．http://www.designsketchskill.com）

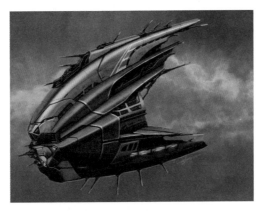

图6-9 飞行器实体设计

（图片摘自：中国设计手绘技能网．http://www.designsketchskill.com）

6.1.2 计算机辅助工业设计的工具

1．硬件

计算机技术的发展，使得工业产品从传统走向信息化。计算机辅助工业设计成为设计人员想要表达设计创造的重要工具和手段。和传统工业相比，设计方法、设计流程、设计质量都发生了变化。

计算机辅助工业设计除了必需的计算机设备外，一些适用于该工作的硬件也相继出现。WACOM 的产品使传统手绘设计与数字化设计接近，使屏幕和纸融为了一体。如图 6-10 所示，新帝 21UX 绘图仪将屏幕扩大到 21.3 英寸，减少了笔和屏幕的距离，使设计工作者体会到在全新的概念屏幕上的工作方式。

图6-10 新帝21UX绘图仪

（图片摘自：中国设计手绘技能网．http://www.designsketchskill.com）

2．软件

在产品设计表现中，如图 6-11、图 6-12 所示，分别是常用的计算机辅助软件 Adobe Photoshop 和 CorelDRAW 的工作界面。

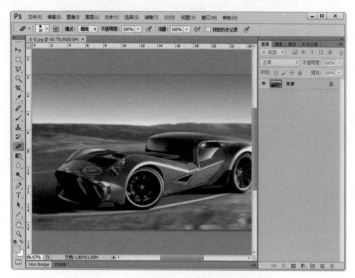

图6-11　Photoshop软件工作界面

（图片摘自：百度图片．http://image.baidu.com）

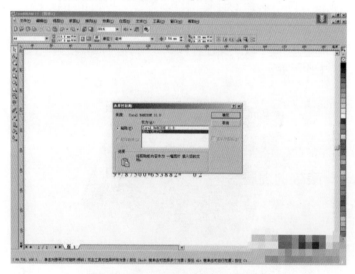

图6-12　CorelDRAW软件工作界面

（图片摘自：百度图片．http://image.baidu.com）

虽然设计师们能用一些 2D 设计软件绘制出精美的最终方案效果图。但是如果客户想从另外一个角度去观测这个产品时，2D 设计软件绘制出的效果图就不能提供给客户全方位的视野，设计师将不得不重新绘制一张另外一个角度的效果图，为了提高工作效率避免这种设计缺陷，于是设计师们尝试使用 3D 设计软件去表达自己的设计方案。3D 设计软件不仅仅能够提供全方位的角度，而且能够提供了更多种丰富的材质表现空间。常见的 3D 设计软件有 Pro/Engineer、Autodesk 3ds Max、Alias studio 和 Rhino 等。如图 6-13 所示的汽车模型，是设计师使用 Autodesk 3ds Max 绘制完成的。

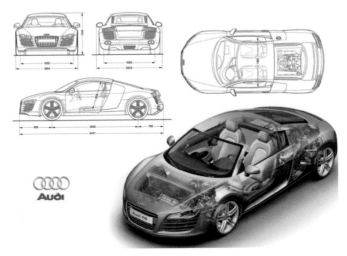

图6-13 产品设计3D效果图

（图片摘自：昵图网．http://www.nipic.com）

06

知识链接

　　2D软件和3D软件在表现产品时都有相同的两个阶段：即一是建立数字模型；二是渲染数字模型。建立数字模型就是将产品设计最终方案的概念形体建立成3D实体数字模型。渲染数字模型是指在数字模型建立完成以后首先选择渲染器，其次设置材质、灯光、摄影机等属性，并通过仿真照明计算，得到逼真的渲染可视化的产品模型效果图。当然，2D与3D设计软件在产品设计中并没有完全的承前启后的关系。

6.1.3 计算机设计表现的发展

　　进入 21 世纪，以计算机技术为支柱的信息技术的发展使世界经济格局发生了巨大的变化，逐步地形成了一个体系化的市场，经济循环加大、加快，市场竞争日趋激烈。同时，工业产品由传统的机械产品向机电一体化产品、信息电子产品方向发展，技术含量大大增加。社会的消费观念也不断发展变化，产品的功能已经不再是决定消费者购买的最主要的因素，产品的创新、外观、环保等诸多方面则成了设计师考虑的内容。

　　产品的虚拟场景互动表现技法是产品设计表现的趋势，是产品设计师表现产品设计方案的一种全新方式。所谓产品的虚拟场景互动表现技法是指利用虚拟现实 (Virtual Re—ality, VR) 的手段，以 3D 模型为载体，全面互动地表达产品设计师的意图，即产品设计方案。由此可见，产品的虚拟场景互动表现技法实际上是在 3D 设计软件中建立产品及环境的模型，然后应用虚拟现实技术将其更完美和合理地表现出来。

【案例1】

东风雪铁龙汽车2D渲染

计算机介入产品的设计开发与制造，不仅引起了产品设计方法与程序的变革，对设计本身也带来了很大影响。计算机介入到产品设计中，突出了设计师在创意、构思上的能力，让设计师有充分的时间去思考、判断，去完成设计本身的任务，使设计师的创造力得以最大限度发挥，设计工作也可以更多地在创造、评价与组织设计等更高层次上进行。

分析：

如图6-14～图6-22所示，是设计师利用Pro/Engineer绘制雪铁龙车形外观，从最初的草图绘制，到2D渲染，使车形越显逼真，且展示出流畅的车身线。

图6-14　汽车草图1

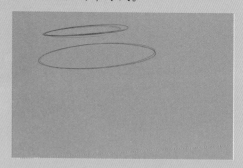

图6-15　汽车草图2

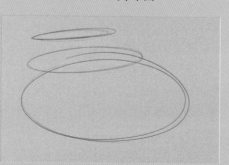

图6-16　汽车草图3

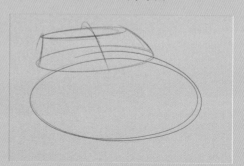

图6-17　汽车草图4

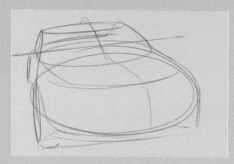

图6-18　汽车草图5

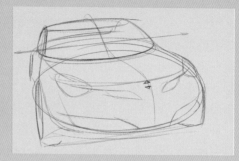

图6-19　汽车草图6

06

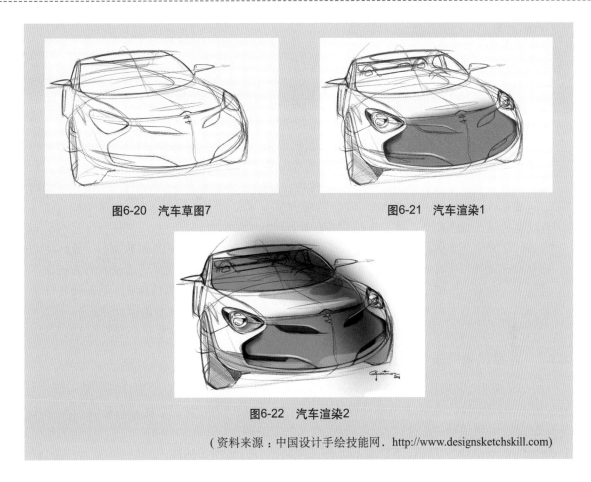

图6-20 汽车草图7   图6-21 汽车渲染1

图6-22 汽车渲染2

（资料来源：中国设计手绘技能网．http://www.designsketchskill.com）

6.2 使用计算机辅助设计

工业设计的核心内容是产品造型设计，产品造型设计需要产品设计表达来呈现。对于工业设计教育的现状和现代企业的需求，计算机辅助教育是不可省略的一部分，设计专业学生对于相应软件的掌握也是不可忽视的一部分。本章就计算机辅助设计的平面软件和立体软件的使用技法进行介绍。

6.2.1 计算机辅助设计的平面软件

Adobe Photoshop，简称 PS，是由 Adobe Systems 开发和发行的图像处理软件。Photoshop 主要处理以像素所构成的数字图像。使用其众多的编修与绘图工具，可以有效地进行图片编辑工作。

Photoshop 软件是世界级的图像设计与制作处理工具软件，一般用它来进行平面的艺术创作。但正是由于它在细节处理方面的特点，很多产品设计师也用它来表现设计方案。一款产品设计的最终方案肯定不是一种单一主调色的产品，而是针对不同的群体推出不同的颜色方案。使用 Photoshop 软件调节一下图像的色相、饱和度和明度等，就可以轻易地得出不同效果的色彩方案。

知识拓展

相较于3D软件来说，Photoshop有入门时间较短、学习简单、操作方便，只需在平面上绘制即可，在产品造型设计基础课程教学中能得到充分的运用。

Photoshop的很多特效会产生意想不到的效果，故而可以启发灵感，从而设计出新颖的作品。同时，在进行Photoshop学习的过程中，接触到的一些教学范例，也会在学习技术的同时培养审美能力，使学生发现美、分析美和体会美。

随着Photoshop软件等计算机辅助的不断运用，不仅对于产品造型设计有了全新的设计理念，同时对于软件在造型上的应用有了更多的突破，我们应该真正掌握软件的各个方面。这里需要强调的是一个没有创新思维能力的设计者，无论有多么熟练的计算机操作技能也设计不出好的作品，有正确的设计思维方法是产品造型设计的关键。只有敏锐的眼力、创新的脑力，再加上熟练操作计算机的动手能力才有可能创作出高质量的设计作品。因此，只有正确处理好软件运用和设计的关系，才能使软件为工作所服务。

6.2.2 计算机辅助设计的立体软件

Rhino(犀牛)是美国 Robert McNeel & Assoc 公司开发的专业 3D 造型软件，它可以广泛地应用于 3D 动画制作、工业制造、科学研究以及机械设计等领域。它能轻易整合 3DS MAX 与 Softimage 的模型功能部分，对要求精细、弹性与复杂的 3D NURBS 模型，有点石成金的效果。它能输出 obj、DXF、IGES、STL、3dm 等不同格式，并适用于各种 3D 软件，尤其对提高整个 3D 工作团队的模型生产力有明显效果。

Rhino 是产品造型设计人员应用最多的软件，它不但可以完成产品造型艺术设计，也可以完成产品造型结构设计的全过程，可以完全实现计算机辅助产品造型设计的目的。Rhino 不但可以用于产品造型专业数字化教学过程，也可以用于产品造型生产企业的设计生产过程。使用 Rhino 软件，不但具有艺术设计专业的通用性，也具有明显的经济优势，因此利用 Rhino 软件进行产品造型专业教学和产品造型设计是一个很好的选择。

【案例2】

复古车后45°2D渲染教程

Photoshop 3D软件相比编辑简单，更适合学生的掌握、精通，又能表现较手绘更充分的材质效果。环境设置中可以选择现有图片加以处理后作为背景或环境场景，省去了灯光等参数的复杂编辑，可大大节省时间。图6-23～图6-34所示是设计师使用Photoshop生成的汽车效果图。

分析：

图6-23～图6-34所示是一款复古车后45°2D渲染，利用线稿上色、着色渲染。设计师使用Photoshop软件，使得整个车型细节比较详细，高光和反光是渲染过程中的重点，也是最出效果的地方。汽车车身材质烤漆材质也显得逼真、自然。

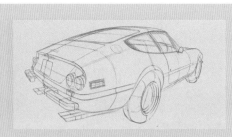

图6-23 汽车设计2D渲染1

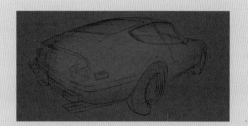

图6-24 汽车设计2D渲染2

图6-25 汽车设计2D渲染3

图6-26 汽车设计2D渲染4

图6-27 汽车设计2D渲染5

图6-28 汽车设计2D渲染6

06

图6-29 汽车设计2D渲染7

图6-30 汽车设计2D渲染8

图6-31 汽车设计2D渲染9

图6-32 汽车设计2D渲染10

图6-33 汽车设计2D渲染11

图6-34 汽车设计2D渲染12

（资料来源：中国设计手绘技能. http://www.designsketchskill.com）

6.3 综合案例：汽车2D渲染

在创意阶段，设计师可通过Photoshop快速形成多种方案的平面效果，这样既可以得到比较完整的视觉效果也能大大节省了用3D软件绘制3D造型的时间。在草图和效果图阶段，设计师一般会绘制产品的三视图，包括正视图、侧视图、顶视图等，这样可以清晰地多角度表现产品的外观。

在产品设计表现的草图、效果图、结构图、模型四个环节中，草图和效果图可以用Photoshop表现，特别是在形成最终效果之前的效果图。图6-35～图6-43所示是设计师绘制的概念汽车的2D渲染模型。

分析：

如图6-35～图6-43所示，展示出详尽的渲染效果，从产品外观出发，到产品的颜色、产品的质感都呈现给了观者，是一个很好的实体模型的表现。

图6-35 概念汽车草图1

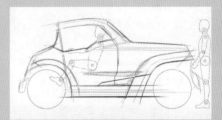

图6-36 概念汽车草图2

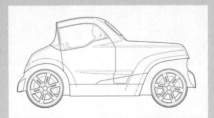

图6-37 概念汽车草图3

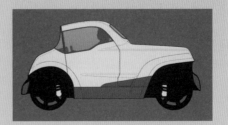

图6-38 概念汽车2D渲染1

图6-39 概念汽车2D渲染2

图6-40 概念汽车2D渲染3

图6-41 概念汽车2D渲染4

图6-42 概念汽车2D渲染5

06

图6-43 概念汽车2D渲染6

（资料来源：中国设计手绘技能网．http://www.designsketchskill.com)

以计算机硬件、软件为支持环境的计算机辅助产品设计技术，用先进的设计方法，通过各种功能模块实现对产品的描述、计算、分析和绘图，以及对各类数据进行存储、传递、加工。本章阐述了计算机辅助设计的背景及计算机辅助产品设计表现的工具，全面介绍了计算机辅助设计在产品设计表现中的应用。

一、填空题

1．20 世纪 60 年代中期，_____出现并推出商业化的计算机绘图设备发展。

2．在产品设计表现中使用计算机辅助设计，可以很好地提高设计制作的_____和_____。

二、选择题

1．下面_____属于绘图软件。

    A．Photoshop   B．Word   C．Excel   D．Foxmail

2．_____在技术创新、产品成型以及商品的销售、服务和企业形象的树立过程中，都扮演着重要的角色，它是现代工业文明的灵魂。

    A．产品设计   B．工业设计   C．模型设计   D．建筑设计

三、问答题

1．计算机辅助设计出现的背景是什么？

2．你用过哪些计算机辅助设计的硬件，请写出它们各自的优点。

3．计算机辅助产品设计的 2D 软件都有哪些？其特点各是什么？

4．计算机辅助产品设计的 3D 软件都有哪些？其特点各是什么？

第 7 章

产品模型的作用

学习目标

- 了解模型在产品设计过程中承担的角色及作用。
- 掌握模型的推敲。
- 掌握模型表达设计。

技能要点

模型制作　　工具的运用　　加工方法

案例导入

各类产品设计

很多人对产品模型有一种误解(包括设计师在内)，把模型制作当成设计目的。产品模型不是设计的最终结果，而是设计过程的体现，是设计师推敲设计的一个重要手段。在展览会、展厅所看到的产品样机只是设计最后阶段的模型而已。对于设计师而言，研究制作模型的过程远比最终的表现模型重要。产品模型制作不仅能反映研究过程及设计的科学性，还能帮助设计师在设计的各个阶段开展有效的设计工作。

分析：

设计初期，设计师一般选择能快速表达创意的纸材制作简易模型。模型不需要准确，只要能表达设计想法即可，因此模型只是用于设计团队内部讨论。

纸模型在设计初期和中期用得较多，一般用于推敲设计结构的合理性和结构实验。结构的材料不一定是设计最后使用的材料，只是模拟结构，如图7-1、图7-2所示。

图7-1　建筑概念模型(纸材)

图7-2　纸结构模型(纸材)

电话机模型用黏土制作。泥土不容易干，修改时间可以自由把握。过一段时间再进行修改的话，在表面喷水使其湿润即可加工。

07

黏土具有一定的黏性，与油泥性能较接近，比油泥更容易加工，并可以回收重复利用，如图7-3、图7-4所示。

图7-3　电话模型(黏土)

图7-4　游戏机模型(黏土)

黏土是一种快速成型的材料，不需要太多的加工工具和设备，非常便利。图7-5所示为箱子的黏土模型。

图7-5　箱子模型(黏土)

（资料来源：百度图片网．http://image.baidu.com）

07

7.1　用模型进行思考

7.1.1　设计的推敲

制作产品模型的目的是为了让设计师学会运用科学的方法研究设计问题，并在研究的过程中学会运用所掌握的知识分析、解决实际问题，同时让设计师养成"勇于实践、敢于质疑"的精神。产品模型制作是设计师获取设计知识、认清设计本质的重要途径。它是产品设计研究的一种全新的学习方法，能有效地激发设计师对创意探索的兴趣。

1. 创意推敲

设计师最大的价值就是设计创意，这是一个不断肯定和否定的思考过程。只有当一个设计创意成为商品，才能体现设计的真正价值。设计与艺术的最大区别体现在目的不同。设计的主要目的是满足消费者需求，艺术则主是表达创作者的思想。既然设计是一件商品，就会受到生产、技术、工艺、材料的影响。设计制作模型能帮助设计师梳理设计思路，展开设计创意推敲。

设计师在设计创作过程中往往会有大量的设计创意，这些创意并不是完善的设计，还需要进一步深入研究、推敲。最终有些创意会因为各种原因放弃，有些创意具有进一步深化的可能。设计创意具有极大的不确定性，很多时候设计师会在创意推敲的过程中产生全新的设计灵感，给设计带来新的方向和可能。

模型在设计的每个阶段所起的作用都不一样，所以，需要制作不同功能的模型来辅助设计。在设计初期，是设计师获取灵感的重要阶段。首先是一种抽象的概念，然后逐渐把想法量化。这个阶段的模型需要快速地表达设计师的理念，简称概念模型。概念模型一般采用快速成型的材料，如纸材（如图7-6、图7-7所示）、石膏、泡沫等。

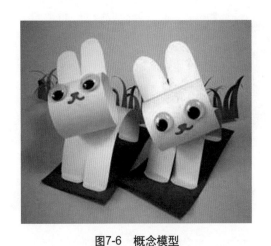

图7-6　概念模型

（图片摘自：百度图片网.
http://image.baidu.com)

图7-7　纸材模型

（图片摘自：百度图片网.
http://image.baidu.com)

模型能快速直接地表达设计理念。概念模型主要是用于创意设计时的立体思考和推敲，它能把设计师带到一个生动形象的立体创造意境当中。设计师在学习和工作中都把模型作为一个理想的推敲工具，如图7-8所示。

以往进行设计创作时，采用纸和笔来快速记录。但是这些记录都是平面的，很难体现产品的要素。计算机制图只能模拟产品的外观，不利于设计师进行思考和推敲设计。与快速直接的立体模型相比，手绘效果图或制作计算机效果图更费劲，制作模型可以形象地被称为"用手去思考"，如图7-9所示。

图7-8　创意推敲

（图片摘自：百度图片网.
http://image.baidu.com）

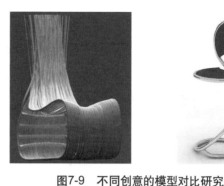

图7-9　不同创意的模型对比研究

（图片摘自：百度图片网.
http://image.baidu.com）

2．造型推敲

要了解一件产品时，首先看到的是造型和色彩。造型作为产品的三要素之一，发挥着重要的作用。很多设计师往往有这样的误解，认为产品设计就是产品造型的设计，所以很容易进入"为了设计造型而去修改造型"，忽视了产品设计的本质。图 7-10 所示为造型对比研究。

知识链接

随着时代的前进、科学技术的发展，人们审美观念的提高与变化，机械产品的造型设计和其他工业产品一样，不断地向高水平发展变化。影响产品模型设计的因素很多。现代产品的造型设计主要强调满足人们和社会的需要，使产品美观大方、精巧宜人，为人们的生活生产活动提供便利，并提高整个社会物质文明和精神文明水平。这是现代工业产品造型设计的主要依据和出发点。

图7-10　造型对比研究

（图片摘自：百度图片网.
http://image.baidu.com）

3．色彩推敲

产品的色彩会对人的心理和生理产生直接影响。20 世纪 50 年代，中国人渴望安定和平，所以那时人们喜欢较为沉静的蓝色、绿色等冷色调作为工业产品造型的色彩。

色彩在整个产品的形象设计中，最先作用于人的视觉感受，可以说是"先声夺人"。色彩可以协调或弥补产品造型中的某些不足，使之锦上添花，更加完美，也更容易博得消费者的青睐，从而收到事半功倍的效果。反之，如果产品的色彩处理不当，则不但影响产品功能的发挥，破坏产品造型的整体美，而且很容易破坏人的工作情绪，使人出现一些枯燥、沉闷、冷漠，甚至沮丧的心情，分散了操作者的注意力，降低工作效率。所以，产品造型的色彩设计是一项不容忽视的工作，其色调的选择是至关重要的，如图 7-11、图 7-12 所示。

图7-11　椅子的色彩运用

（图片摘自：百度图片网.
http://image.baidu.com)

图7-12　婴儿用品的色彩搭配

（图片摘自：百度图片网.
http://image.baidu.com)

知识链接

　　色调就是一眼看上去工业产品所具有的总体色彩感觉，它可以表现出生动、活泼，也可以表现出精细、庄重，还可以表现为冷漠、沉闷或是亲切、明快等气息。色调的选择应格外慎重，一般可根据产品的用途、功能、结构、时代性及使用者等，艺术地加以确定。确定的标准是色彩一致，以色助形。如飞机的用途和功能是载客载物在高空高速地飞行，所以它的色调一般都处理为高明、高彩的银白色，很容易地使人感觉到飞机的轻盈和精细，这就是形色一致、色助于形。相反，如果把飞机涂成黑灰色调，则会给人形成一种笨重的感觉，使人怀疑它是否能够飞得起来。

7.1.2　设计的实验

　　任何作品的出现是社会发展的结果，应将作品放在历史的背景下看待。新材料、新工艺的不断出现并尝试作用于设计创作的全过程，给设计带来了无数种可能。但是，为了检验设计的合理性，我们在设计的过程中需要做各种实验，包括新原理、新材料、新工艺、新结构等实验，实验是产品设计过程中的重要活动阶段。

1．原理实验

　　设计是现代人的生存基础，也是现代人生存的方式，更是高科技时代首先予以关注的事情。高科技将以前所未有的力量改变设计的手段和方式，也将以前所未有的力量影响我们的生存环境，甚至对人类的生活产生重大意义。设计是一种生活的智慧。在设计合理性上，我们必须依靠模型进行实验，模型是验证设计可行性的一种设计过程。

　　人工原理实验是自然科学和社会科学中具有普遍意义的基本规律，是在大量观察、实践的基础上，经过归纳、概括而得出的。它既能指导实践，又必须经受实践的检验。工作原理实验多用于探索性实验阶段，注重了解研究对象的某些特性，是定量实验的基础。通过原有产品的拆解、分析研究，解剖、提炼其工作原理。这是一个知己知彼的研究过程，是对已知的工作原理进行带入验证的过程，并希望能通过新的工作原理解决一些根本性问题，是一项具有创新的工作活动。

2．材料实验

材料实验指的是对材料的质量在不同条件下的各种性能的检测和评定，有时仅指材料机械性能试验。材料试验对产品设计和材料应用的基础研究具有十分重要的意义。在设计时，对已知的材料进行比较，判定材料是否具有某些性质；通过一定的实验步骤，观测其具有何种特性。在实验过程中，除了比较的那个条件不同之外，其余条件应力求一致，否则，就难以做出正确的判断。作为设计师，我们应该具备敏锐的眼光和大胆的探索精神，通过不同的材料特性，把新材料应用到创新设计中。

3．工艺实验

生产工艺实验是产品研究成果向生产实践转移过程中所进行的实验。通过生产工艺实验，检验新产品的设计方案在技术上是否先进、质量上是否合格、成本上是否合算，以便发现问题及时纠正，为正式投产做好准备。

知识拓展

模型和样机是展开生产工艺研究的重要手段。建立一个与之相似的模型，对模型进行实验研究，然后将研究结果类推到原型上去，以达到对原型本质和规律的认识。由于模型实验具有直观形象、方便可靠、节省成本的优点，在设计与投产之前发挥着重要作用。

7.2 用模型表达设计

7.2.1 设计表达

在设计的每个阶段都需要制作模型，如图 7-13 所示。每种模型的功能都不一样。这里所指的模型与样机、模型制造企业的模型具有本质上的区别。推敲模型或是不完整的模型，或零部件，是设计师自己动手制作而成。

对于很多年轻的设计师而言，动手帮助思考的能力不容忽视，尤其是在创意朦胧阶段，应该借助于模型与设计团队进行沟通，共同开发创意，如图 7-14 所示。特别是对于一些产品的线条或曲面推敲，在纸上或计算机上是无法对比和修改的，只有通过设计师动手制作模型，才能更直观地推敲并直接修改。

图7-13　设计模型制作

（图片摘自：百度图片网.
http://image.baidu.com）

图7-14　设计模型表达

（图片摘自：百度图片网.
http://image.baidu.com）

知识拓展

　　著名的包豪斯工业设计教育体系里，有一个很重要的部分就是将课堂搬进工作坊，手脑结合。模型制作在某种程度上帮助设计师对设计创意进行量化。模型是一种有效、直接表达设计的方法。

7.2.2　设计沟通

　　沟通必须具备三个要素：要有明确的目标；达成共识；信息、思想和情感的互动与制衡。设计沟通的基础是"共同认知水平"，基本原则是"普遍关注"与"互动"。

　　设计沟通的关键不在沟通的内容，而在如何用相互理解的方式与标准进行沟通，进而达到预期的目标。表达越清晰、越简单，沟通效果就越好。因此，设计的品质就是沟通的品质。最终衡量沟通的质量，不是看动机，也不是看沟通方式，而是看反应质量，这表明的是沟通对象彼此的设计认知水平。

　　对某些人而言，视觉形象能产生最大的冲击，而对其他人而言则可能是言语、声音或触觉最重要。在团队里，设计师必须掌握一定的沟通工具，并且学会如何选择适当的沟通工具，这对于设计师来说至关重要。图 7-15 所示为设计师相互沟通产品模型设计的场景。

图7-15　围绕模型展开设计沟通

（图片摘自：百度图片网.
http://image.baidu.com）

【案例1】

产品模型设计需要沟通

设计活动通常是由一个团队去完成的。如何使组织的力量聚焦在一起，是设计管理者组织能力的综合体现。设计实验是凝聚团队力量的一种研究方法，为了达到同一个目标，团队成员必须努力地组织自身的知识与资源，尝试在设计沟通中表达自己的观点，不同观点的碰撞，体现了创新团队成员对整个设计价值的考量与判断。正因为每个成员都具有独有的知识体系和价值判断，所以，作为设计管理者应该协调好每一种设计资源，让其发挥团队能量，减少内部消耗。

设计就是对话与思考，设计实验是围绕着研究和交流展开的，记录着设计师思考的过程。设计师之所以去做产品实验，并不仅仅只限于和他人交流，而是为了便于追溯自己在整个设计过程的思维线索。随着设计实验的开展，它可保证设计师"看到"新的可能性问题，使设计目标更清晰。作为设计师至少有一点很重要：应该意识到自己的思维方式可能被团队行为所影响，同时，在工作团队中，自己也正以某种方式影响着其他成员的思维。

如图7-16～图7-19所示的模型是设计师们相互讨论之后，共同合作完成的作品。每个设计作品都体现出了概念车模型的中心思想。

分析：

如图7-16所示的模型细节精美，颜色饱和度高。设计师充分把油泥方便修改的特性发挥了出来，并且能在模型表面进行多次颜色的修改实验。

油泥能快速、准确地制作物体的曲面，是其他模型不能比拟的，该优势在本模型上体现得淋漓尽致，如图7-17所示。

图7-16　概念车模型1(油泥+泡沫+塑料)

图7-18所示的模型主要用油泥制作，充分发挥了油泥易于添加和削减的优势，细节刻画灵活、生动，质感比较逼真。

图7-17　概念车模型2(油泥+金属+塑料)

图7-18　概念车模型3(油泥+金属+有机玻璃)

（资料来源：百度图片网．http://image.baidu.com）

7.3　综合案例：哑铃设计表现

产品设计素描的造型语言主要通过物体的外在样式传达给受众，其中包括形状、色彩、明暗、肌理等形式。不同的造型会给受众带来不同的体验，如构图、笔触、线条、色彩等体验都会产生不同的感觉。将零散的视觉语言素材有机地组合在一起，才能产生生动的造型及优美的造型语言。另外，同一个形象用不同的形式表现，感觉会不一样，所产生的语言也会不同，抽去形象内容的纯形式组合同样能够传达情感。

分析：

本案例中的哑铃产品表现就是将零散的视觉语言组合在一起，向人们传递了产品的信息。如图7-19所示，实体模型直观地展现了哑铃的外观。三维渲染效果图让人感觉更加真实，如同看见实物一般。设计师这样的做的目的是让人们能够更加直观地观看到所设计的产品样式。

图7-19　哑铃的产品设计表现

如图7-20所示，设计师通过图例和箭头元素诠释了产品的使用方法。设计师使用3D Max绘图软件，先绘制草图，然后进行渲染，用宣传海报的形式讲解哑铃的使用方法。商家还可以将此图放置在产品说明书中，让人们更清楚地了解产品的使用，一举多得。

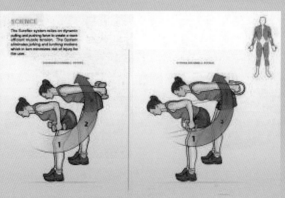

图7-20　哑铃使用方法的设计表现

如图7-21所示，设计师通过图例和箭头的元素诠释了产品的零部件应该如何配合使用，设计软件渲染后的效果更能突出产品的质感。分解图能够让人们对哑铃的构造以及使用有更清楚的认识，同时也方便鉴定专家观察产品，给设计师提出修改意见，帮助设计师改造产品设计。

图7-21　哑铃的产品设计表现

（资料来源：中国设计手绘技能网．http://www.designsketchskill.com）

07

本章以实际操作和体验为主，使初学者树立正确的工作方法。通过对本章节的学习，初学者可根据设计的需要制作不同功能的模型，运用模型行进行推敲设计和沟通设计，以便有效地展开设计工作。

一、填空题

1．概念模型一般采用快速成型的材料，如_____、_____、_____。

2．材料实验指的是对材料的质量在不同条件下的各种性能的_____和_____，有时仅指材料机械性能试验。

3．设计沟通的基础是_____，基本原则是_____与_____。

二、选择题

1．设计实验包括_____阶段。

　　A．原理实验　　　　B．材料实验　　　　C．工艺实验　　　　D．创作实验

2．设计的推敲包括＿＿＿＿＿。

  A．创意推敲   B．造型推敲   C．色彩推敲   D．创新推敲

三、问答题

1．如何利用模型进行推敲设计？

2．总结模型制作的心得。

检 测 答 案

第 1 章

一、填空题

1．具象的可视化物体
2．社会的跨越式发展
3．三维立体形态实体

二、选择题

1．A 　　　　　2．B

第 2 章

一、填空题

1．形态模型；概念模型；结构研究模型；功能研究模型；外观仿真模型；产品样机
2．家具模型；电子产品模型；灯具模型；交通工具模型
3．纸材模型；石膏模型；油泥模型；木材模型；玻璃钢模型；塑料模型

二、选择题

1．D 　　　　　2．A；B；C；D

第 3 章

一、填空题

1．白卡纸；哑粉纸；亚光铜版纸；喷墨打印纸
2．以机械化方式生产的纸张的总称
3．石膏模型
4．高分子；巨分子
5．量具

二、选择题

1．A 　　　2．C 　　　3．B 　　　4．D 　　　5．D

第 4 章

一、填空题

1．石膏；标准原型；交流展示
2．黏土

3．制作标准原型；交流展示模型；功能试验模型

4．塑料

5．燃烧

二、选择题

1．A 　　　　2．D

第 5 章

一、填空题

1．设计创意

2．准确；清晰；自然

3．表现图比语言文字；其他表达方式

4．产品设计方案图；产品设计展示图；产品设计三视表现图

二、选择题

1．A 　　　　2．A；B；C

第 6 章

一、填空题

1．计算机辅助设计

2．速度；质量

二、选择题

1．A 　　　　2．B

第 7 章

一、填空题

1．纸材；石膏；泡沫

2．检测；评定

3．共同认知水平；普遍关注；互动

二、选择题

1．A；B；C 　　　　2．A；B；C

参 考 文 献

[1] 陶裕仿. 产品模型制作 [M]. 南京：东南大学出版社，2010.

[2] 周玲. 模型制作 (附光盘)[M]. 湖南：湖南大学出版社，2010.

[3] 江波. 手工模型设计丛书：产品模型制作 [M]. 广西：广西美术出版社，2011.

[4] 吴晨，杨海波. 形体塑造与模型制作 [M]. 北京：机械工业出版社，2011.

[5] 陈晓鹏，李翔. 模型制作实验指导书 [M]. 湖北：中国地质大学出版社，2011.

[6] 虞世鸣. 产品创意设计 [M]. 北京：北京大学出版社，2011.

[7] 钟家珍. 产品设计创意表达 • 模型 [M]. 北京：机械工业出版社，2011.

[8] 高雨辰，兰玉琪. 图解产品设计模型制作 (第 2 版)[M]. 北京：中国建筑工业出版社，2011.

[9] 周爱民，欧阳晋焱. 工业设计模型制作 [M]. 北京：清华大学出版社，2012.

[10] 杜海滨，胡海权，刘振生. 工业设计模型制作 [M]. 北京：中国水利水电出版社，2012.

[11] 桂元龙，李楠，林家阳. 产品模型制作与材料 [M]. 北京：中国轻工业出版社，2013.

[12] 盛希希，黄生. 产品设计模型制作与应用 [M]. 北京：北京大学出版社，2014.